职业教育系列教材

# 方正飞腾排版实训教程

于 卉 主编

中国轻工业出版社

## 图书在版编目（CIP）数据

方正飞腾排版实训教程/于卉主编. —北京：中国轻工业出版社，2023.1
职业教育"十三五"规划教材
ISBN 978-7-5184-0838-2

Ⅰ.①方… Ⅱ.①于… Ⅲ.①电子排版—应用软件—职业教育—教材
Ⅳ.①TS803.23

中国版本图书馆 CIP 数据核字（2016）第 048462 号

## 内 容 简 介

本书共分为 10 个模块，每个模块的结构分为模拟制作任务、知识点拓展和独立实践任务 3 部分，模块之间相互关联，内容环环相扣，处处体现了"学中做，做中学"的双重使用方法。

本书内容丰富，采用双线贯穿，一条以选取的实例作品为组织线索，另一条以软件知识为组织线索，主要包括文字的运用、图形设计与制作、图像排版、表格排版、数学排版等。

本书适合作为各大院校和培训学校相关专业的教材，也可作为教师和相关从业人员的参考书。

责任编辑：杜宇芳

策划编辑：林 媛 杜宇芳　　责任终审：劳国强　　封面设计：锋尚设计
版式设计：锋尚设计　　　　　责任校对：晋 洁　　责任监印：张 可

出版发行：中国轻工业出版社（北京东长安街 6 号，邮编：100740）
印　　刷：三河市万龙印装有限公司
经　　销：各地新华书店
版　　次：2023 年 1 月第 1 版第 5 次印刷
开　　本：787×1092　1/16　印张：11.25
字　　数：260 千字
书　　号：ISBN 978-7-5184-0838-2　　定价：38.00 元
邮购电话：010 – 65241695
发行电话：010 – 85119835　传真：85113293
网　　址：http://www.chlip.com.cn
Email：club@chlip.com.cn
如发现图书残缺请与我社邮购联系调换
221748J3C105ZBW

# 前　言

　　本书采用模块化的编写方式，通过详细的案例制作步骤、丰富的知识点讲解、实用的独立实践任务，完整地介绍了方正飞腾 4.1 排版技术，充分体现了"以服务为宗旨，以就业为导向，以能力为本位"的职业教育办学特点。本书遵循"必须、够用"的原则，加强了技能操作，突出实践能力，实现"学中做，做中学"，力求做到"学完即可就业，就业即可上岗"。

　　本书共分 10 个模块，每个模块的结构分为模拟制作任务、知识点拓展和独立实践任务 3 部分。通过模拟制作任务和知识点拓展，循序渐进地讲解了方正飞腾 4.1 排版软件的相关知识，主要包括认识飞腾排版系统、文字的格式设置、文字块的排版与格式设置、图形的绘制与编辑、图像的排版和管理、表格的排版、数学排版以及综合制作等内容。

　　本书内容丰富实用、结构合理，语言通俗易懂、讲解清晰，实践内容丰富有趣，适合作为各大院校和培训学校相关专业的教材，也可作为教师和相关从业人员的参考书。

　　本书重印正值中国共产党第二十次全国代表大会胜利召开之际，二十大报告对"办好人民满意的教育"做出专门布置，必须坚持科技是第一生产力、人才是第一资源、创新是第一动力。

　　本书重印过程中，增加了贴近时代、贴近生活的最新企业案例，得到了来自生产一线企业的大力支持与帮助，在此表示衷心感谢。

　　由于时间仓促和作者水平有限，书中难免存在错误和不妥之处，敬请广大读者批评指正。

编者

2022 年 11 月

# 模块 1　设计制作卡片

**模拟制作任务** ……………………………………………………………… 1

任务一　设计制作名片 …………………………………………………… 1

**知识点拓展** ………………………………………………………………… 7

知识点 1　熟悉飞腾的程序窗 …………………………………………… 7

知识点 2　熟悉飞腾的工具条 …………………………………………… 8

知识点 3　熟悉浮动窗口 ………………………………………………… 9

知识点 4　选择显示比例 ………………………………………………… 10

知识点 5　标尺提示线的作用 …………………………………………… 11

知识点 6　辅助板的作用 ………………………………………………… 12

**独立实践任务** ……………………………………………………………… 12

任务二　设计制作会员卡 ………………………………………………… 12

任务三　设计制作记录卡 ………………………………………………… 13

# 模块 2　设计制作宣传单

**模拟制作任务** ……………………………………………………………… 14

任务一　设计制作花卉展宣传单 ………………………………………… 14

**知识点拓展** ………………………………………………………………… 19

知识点 1　特殊文字块（排版区域） ……………………………………… 19

知识点 2　沿线排版 ……………………………………………………… 20

知识点 3　调整文字块的形状 …………………………………………… 22

知识点 4　分栏排版 ……………………………………………………………… 23

知识点 5　排版方式 ……………………………………………………………… 24

知识点 6　对位排版 ……………………………………………………………… 24

知识点 7　文字块连接 …………………………………………………………… 25

知识点 8　文字块的变倍、旋转与倾斜 ………………………………………… 26

知识点 9　文字块渐变 …………………………………………………………… 27

知识点 10　块对齐和块合并 …………………………………………………… 28

知识点 11　块锁定和块解锁 …………………………………………………… 29

独立实践任务 …………………………………………………………………… 29

任务二　设计制作山水宣传单 ………………………………………………… 29

## 模块3　设计制作图书内页

模拟制作任务 …………………………………………………………………… 30

任务一　设计制作《历史人物》内页 …………………………………………… 30

知识点拓展 ……………………………………………………………………… 35

知识点 1　行格式 ………………………………………………………………… 35

知识点 2　叠题 …………………………………………………………………… 35

知识点 3　段格式 ………………………………………………………………… 36

知识点 4　改行宽 ………………………………………………………………… 37

知识点 5　段首大字 ……………………………………………………………… 37

知识点 6　竖排字不转 …………………………………………………………… 38

知识点 7　纵中横排 ……………………………………………………………… 39

知识点 8　纵向调整 ……………………………………………………………… 40

知识点 9　特殊符号的输入 ……………………………………………………… 41

知识点 10　拼音/注音输入 ……………………………………………………… 42

知识点 11　文字的编码转换 …………………………………………………… 43

知识点 12　字距与字间 ………………………………………………………… 43

知识点 13　字母间距 …………………………………………………………… 44

知识点 14　行距与行间 ………………………………………………………… 44

知识点 15　Tab 键的排版功能 ………………………………………………… 45

知识点 16　标题排版 …………………………………………………………… 46

独立实践任务 …………………………………………………………………… 51

任务二　设计制作菊花展宣传单 ……………………………………………… 51

# 模块 4　设计制作文摘报

## 🔍 模拟制作任务 ⋯⋯⋯⋯⋯⋯⋯⋯⋯⋯⋯⋯⋯⋯⋯⋯⋯⋯⋯⋯ 52

　　任务一　设计制作健康文摘报 ⋯⋯⋯⋯⋯⋯⋯⋯⋯⋯⋯⋯⋯ 52

## 🔍 知识点拓展 ⋯⋯⋯⋯⋯⋯⋯⋯⋯⋯⋯⋯⋯⋯⋯⋯⋯⋯⋯⋯ 61

　　知识点 1　立体字 ⋯⋯⋯⋯⋯⋯⋯⋯⋯⋯⋯⋯⋯⋯⋯⋯⋯⋯ 61

　　知识点 2　勾边字 ⋯⋯⋯⋯⋯⋯⋯⋯⋯⋯⋯⋯⋯⋯⋯⋯⋯⋯ 63

　　知识点 3　倾斜字 ⋯⋯⋯⋯⋯⋯⋯⋯⋯⋯⋯⋯⋯⋯⋯⋯⋯⋯ 64

　　知识点 4　旋转字 ⋯⋯⋯⋯⋯⋯⋯⋯⋯⋯⋯⋯⋯⋯⋯⋯⋯⋯ 64

　　知识点 5　粗细字 ⋯⋯⋯⋯⋯⋯⋯⋯⋯⋯⋯⋯⋯⋯⋯⋯⋯⋯ 64

　　知识点 6　空心字 ⋯⋯⋯⋯⋯⋯⋯⋯⋯⋯⋯⋯⋯⋯⋯⋯⋯⋯ 65

　　知识点 7　阴字 ⋯⋯⋯⋯⋯⋯⋯⋯⋯⋯⋯⋯⋯⋯⋯⋯⋯⋯⋯ 66

　　知识点 8　给文字加划线 ⋯⋯⋯⋯⋯⋯⋯⋯⋯⋯⋯⋯⋯⋯⋯ 67

　　知识点 9　给文字加底纹 ⋯⋯⋯⋯⋯⋯⋯⋯⋯⋯⋯⋯⋯⋯⋯ 68

　　知识点 10　装饰字 ⋯⋯⋯⋯⋯⋯⋯⋯⋯⋯⋯⋯⋯⋯⋯⋯⋯ 71

　　知识点 11　长扁字 ⋯⋯⋯⋯⋯⋯⋯⋯⋯⋯⋯⋯⋯⋯⋯⋯⋯ 73

　　知识点 12　着重点 ⋯⋯⋯⋯⋯⋯⋯⋯⋯⋯⋯⋯⋯⋯⋯⋯⋯ 73

## 🔍 独立实践任务 ⋯⋯⋯⋯⋯⋯⋯⋯⋯⋯⋯⋯⋯⋯⋯⋯⋯⋯⋯ 74

　　任务二　设计制作学习文摘报 ⋯⋯⋯⋯⋯⋯⋯⋯⋯⋯⋯⋯⋯ 74

# 模块 5　设计制作插图

## 🔍 模拟制作任务 ⋯⋯⋯⋯⋯⋯⋯⋯⋯⋯⋯⋯⋯⋯⋯⋯⋯⋯⋯⋯ 76

　　任务一　设计制作卡通画 ⋯⋯⋯⋯⋯⋯⋯⋯⋯⋯⋯⋯⋯⋯⋯ 76

## 🔍 知识点拓展 ⋯⋯⋯⋯⋯⋯⋯⋯⋯⋯⋯⋯⋯⋯⋯⋯⋯⋯⋯⋯ 81

　　知识点 1　绘制直线 ⋯⋯⋯⋯⋯⋯⋯⋯⋯⋯⋯⋯⋯⋯⋯⋯⋯ 81

　　知识点 2　绘制矩形 ⋯⋯⋯⋯⋯⋯⋯⋯⋯⋯⋯⋯⋯⋯⋯⋯⋯ 81

　　知识点 3　绘制圆角矩形 ⋯⋯⋯⋯⋯⋯⋯⋯⋯⋯⋯⋯⋯⋯⋯ 82

　　知识点 4　绘制椭圆 ⋯⋯⋯⋯⋯⋯⋯⋯⋯⋯⋯⋯⋯⋯⋯⋯⋯ 83

　　知识点 5　绘制多边形 ⋯⋯⋯⋯⋯⋯⋯⋯⋯⋯⋯⋯⋯⋯⋯⋯ 84

　　知识点 6　绘制菱形 ⋯⋯⋯⋯⋯⋯⋯⋯⋯⋯⋯⋯⋯⋯⋯⋯⋯ 84

　　知识点 7　贝塞尔曲线 ⋯⋯⋯⋯⋯⋯⋯⋯⋯⋯⋯⋯⋯⋯⋯⋯ 85

　　知识点 8　矩形的分割与合并 ⋯⋯⋯⋯⋯⋯⋯⋯⋯⋯⋯⋯⋯ 86

　　知识点 9　线型设置 ···················································· 86

　　知识点 10　花边的设置 ················································ 87

　　知识点 11　底纹的设置 ················································ 89

　　知识点 12　立体底纹的设置 ·········································· 90

　　知识点 13　裁剪路径 ·················································· 91

　　知识点 14　平面透视的设置 ·········································· 91

　独立实践任务 ····························································· 92

　　任务二　设计制作儿童图书插画 ···································· 92

## 模块 6　设计制作图册

　模拟制作任务 ····························································· 93

　　任务一　设计制作《蝴蝶》写真集 ·································· 93

　知识点拓展 ······························································· 99

　　知识点 1　矢量图与位图 ············································· 99

　　知识点 2　图像格式简介 ············································· 99

　　知识点 3　图像的排入与显示 ········································ 100

　　知识点 4　图片信息 ·················································· 102

　　知识点 5　图像管理 ·················································· 103

　　知识点 6　图像勾边 ·················································· 103

　　知识点 7　文字裁剪勾边 ············································· 104

　　知识点 8　自动文压图 ················································ 105

　　知识点 9　图文互斥 ·················································· 105

　　知识点 10　插入盒子 ················································ 107

　独立实践任务 ····························································· 108

　　任务二　设计制作小九寨宣传单 ···································· 108

## 模块 7　设计制作海报

　模拟制作任务 ····························································· 109

　　任务一　设计制作儿童节海报 ······································· 109

　知识点拓展 ······························································· 115

知识点 1　特效字 ……………………………………………… 115

知识点 2　镜像 ………………………………………………… 115

知识点 3　对象及属性的复制 ………………………………… 116

知识点 4　素材窗口 …………………………………………… 117

知识点 5　块参数对话框 ……………………………………… 121

知识点 6　对象的移动 ………………………………………… 123

知识点 7　改变对象大小 ……………………………………… 123

知识点 8　对象的倾斜 ………………………………………… 123

知识点 9　对象的旋转 ………………………………………… 124

知识点 10　多对象的选中 …………………………………… 124

知识点 11　对象的对齐方式 ………………………………… 125

知识点 12　库管理 …………………………………………… 126

知识点 13　层的概念及调整 ………………………………… 128

独立实践任务 ……………………………………………………… 131

任务二　设计制作国庆节海报 ……………………………… 131

模块 8　设计制作表格

模拟制作任务 ……………………………………………………… 132

任务一　设计制作课程表 …………………………………… 132

知识点拓展 ………………………………………………………… 137

知识点 1　建立表格 …………………………………………… 137

知识点 2　编辑表格 …………………………………………… 139

知识点 3　表格中输入文字 …………………………………… 141

知识点 4　单元格的操作 ……………………………………… 142

知识点 5　选中操作与行列操作 ……………………………… 145

独立实践任务 ……………………………………………………… 146

任务二　设计制作账单 ……………………………………… 146

模块 9　设计制作科技出版物

模拟制作任务 ……………………………………………………… 147

任务一　设计制作数学中招教辅 …………………………… 147

**知识点拓展** ················································································ 151

知识点 1　数学窗口 ····································································· 151

知识点 2　脚标 ··········································································· 152

知识点 3　大运算符 ····································································· 153

知识点 4　根式 ··········································································· 153

知识点 5　分式 ··········································································· 153

知识点 6　界标符 ········································································ 154

知识点 7　矩阵和行列式 ······························································ 154

知识点 8　阿克生符 ····································································· 155

知识点 9　上下加线 ····································································· 155

知识点 10　上下加字 ··································································· 155

知识点 11　积分 ········································································· 156

知识点 12　数学公式的排版 ·························································· 156

**独立实践任务** ············································································ 156

任务二　设计制作数学高考教辅 ······················································ 156

## 模块 10　综合设计制作

**模拟制作任务** ············································································ 158

任务一　设计制作大众健康 ···························································· 158

**知识点拓展** ·············································································· 164

知识点 1　主页的操作 ·································································· 164

知识点 2　页的编辑 ····································································· 166

知识点 3　页码的修改和编辑 ························································· 167

知识点 4　页面管理窗口 ······························································ 168

**独立实践任务** ············································································ 168

任务二　设计制作校园早报 ···························································· 168

**参考文献** ················································································· 170

模块 1　设计制作卡片

◉　模拟制作任务　🔍

任务一　设计制作名片

一、任务效果图

名片正面

名片反面

河南省新闻出版学校

李小小　高级讲师

手机:15838268866
QQ:525158380
地址:郑州市惠济区清华园路 1 号
邮编:450044

一切为了学生　为了学生一切

河南省新闻出版学校

## 二、 任务要求

尺寸要求：成品尺寸 90mm×55mm。选择的图像要清晰，符合印刷要求。

## 三、 任务详解

☞**步骤01**：启动方正飞腾后，执行"文件"→"新建"命令，弹出图1-1所示的"版面设置"对话框，在该对话框中设置宽度为90mm，高度为55mm。

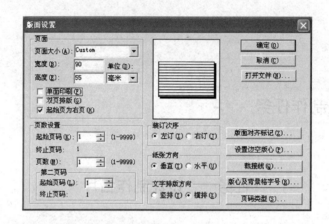

图1-1 版面设置

☞**步骤02**：单击"设置边空版心"按钮，弹出图1-2所示的"设置边空版心"对话框，将上、下、左、右页边空全设为零。

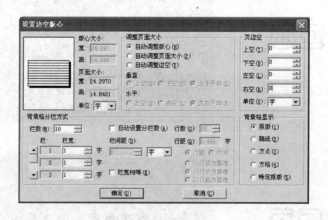

图1-2 设置边空版心

☞**步骤03**：依次击"确定"按钮，得到图1-3所示的新建文件。

☞**步骤04**：单击"文件"→"设置选项"→"长度单位"命令，弹出图1-4所示的"长度单位"对话框，将"坐标单位""TAB键单位""字距单位""行距单位"均设置为毫米，单击"确定"按钮。

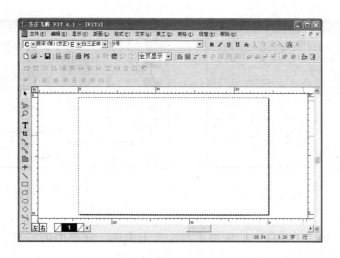

图1-3 新建文件

☞**步骤05**：选择工具箱中的矩形工具，单击页面，在弹出的图1-5"默认块大小"对话框中设置"块宽"设置为90mm，"块高"设置为15mm，单击"确定"按钮。

☞**步骤06**：单击"版面"→"块参数"，或单击"F7"键，弹出图1-6"块参数"对话框，将"横坐标"和"纵坐标"定为0mm，单击"确定"按钮。

图1-4 长度单位　　　　　图1-5 默认块大小　　　　　图1-6 块参数

☞**步骤07**：单击"美工"→"空线"，将边框设置为空线，单击"美工"→"底纹"，在弹出的图1-7"底纹"对话框中，依次单击"单一""颜色设置"按钮，弹出图1-8"管理颜色"对话框。

☞**步骤08**：在图1-8"管理颜色"对话框中设置颜色为C100M0Y0K0，依次单击"确认""确定"。

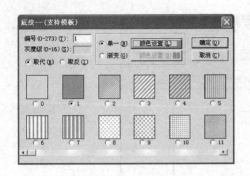 

图1-7 底纹        图1-8 管理颜色

☞**步骤09**：选择工具箱中的矩形工具，单击页面，在弹出的"默认块大小"对话框中设置"块宽"设置为90mm，"块高"设置为40mm，单击"确定"按钮，如图1-9所示。

☞**步骤10**：单击"版面"→"块参数"，或单击"F7"键，弹出"块参数"对话框，将"横坐标"设置为0mm，"纵坐标"设置为15mm，单击"确定"按钮，如图1-10所示。

图1-9 默认块大小        图1-10 块参数

☞**步骤11**：单击"美工"→"空线"，将边框设置为空线，单击"美工"→"底纹"，在弹出的"底纹"对话框中，依次单击"单一"、"颜色设置"按钮，弹出"管理颜色"对话框。在图1-8"管理颜色"对话框中设置颜色为C0M0Y0K30，依次单击"确认""确定"，得到图1-11所示。

☞**步骤12**：执行"文件"→"排入图像"命令，在打开的"图像排版"对话框中，选择素材，单击"排版"按钮，如图1-12所示。

图 1－11　名片制作 1　　　　　　　　　　　　图 1－12　图像排版

☞**步骤 13**：单击页面，排入图片，在工具箱中选择"旋转与变倍"工具，调整图片大小，将图片放在合适的位置，如图 1－13。

☞**步骤 14**：在工具箱中选择文字工具，在页面上按住鼠标左键不放，向右下方拖拽到合适的位置，释放鼠标，在文本框中输入文字，如图 1－14。

图 1－13　排入图片　　　　　　　　　　　　　图 1－14　输入文字

☞**步骤 15**：选中文字并右击，在下拉菜单中单击"字体号"，设置合适的字体、字号、颜色，如图 1－15。

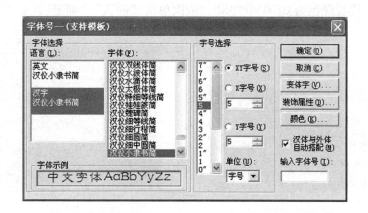

图 1－15　字体号

☞**步骤 16**：在工具箱中选择文字工具，再次输入文字，调整字体号，如图 1－16。

☞**步骤 17**：单击"视窗"→"页面管理窗口"命令，在弹出的窗口中单击新建按钮，如图 1－17。

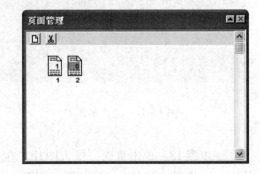

图 1－16　名片制作正面　　　　　　　　　　图 1－17　页面管理

☞**步骤 18**：在新建页面 2 中，选择工具箱中的矩形工具，单击页面，在弹出的"默认块大小"对话框中设置"块宽"设置为 90mm，"块高"设置为 40mm，单击"确定"按钮。

单击"版面"→"块参数"，或单击"F7"键，弹出"块参数"对话框，将"横坐标"设置为 0mm，"纵坐标"设置为 0mm，单击"确定"按钮。

单击"美工"→"空线"，将边框设置为空线，单击"美工"→"底纹"，在弹出的"底纹"对话框中，依次单击"单一"、"颜色设置"按钮，在弹出"管理颜色"对话框中设置颜色为 C0M0Y0K30，依次单击"确认""确定"，如图 1－18。

☞**步骤 19**：首先，选择工具箱中的矩形工具，单击页面，在弹出的"默认块大小"对话框中设置"块宽"设置为 90mm，"块高"设置为 15mm，单击"确定"按钮。

其次，单击"版面"→"块参数"，或单击"F7"键，弹出"块参数"对话框，将"横坐标"设置为 0mm，"纵坐标"设置为 40mm，单击"确定"按钮。

再次，单击"美工"→"空线"，将边框设置为空线，单击"美工"→"底纹"，在弹出的"底纹"对话框中，依次单击"单一""颜色设置"按钮，在弹出"管理颜色"对话框中设置颜色为 C100M0Y0K0，依次单击"确认""确定"，如图 1－19。

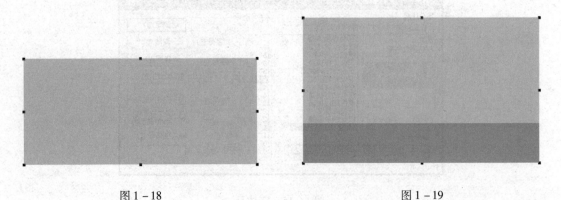

图 1－18　　　　　　　　　　　　　　　图 1－19

☞**步骤 20**：在工具箱中选择文字工具，输入文字，选中文字并右击，在下拉菜单中单击"字体号"，设置合适的字体、字号、颜色，如图 1 – 20。

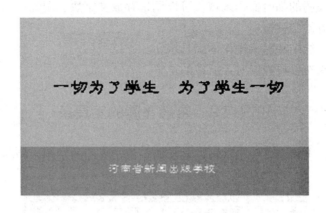

图 1 – 20　名片制作反面

至此完成名片的正面、反面设计。

◉　**知识点拓展**　　🔍

## 知识点 1　　熟悉飞腾的程序窗

打开飞腾软件，设置好版面设置，新建文件后的飞腾窗口如图 1 – 21。

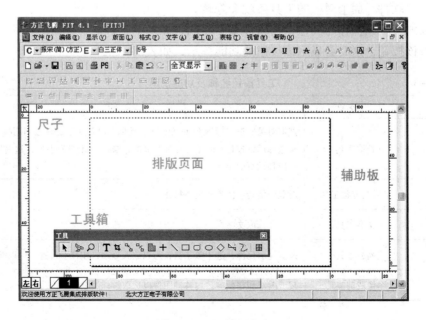

图 1 – 21　飞腾程序窗

①排版页面：飞腾的主要编辑界面，可在其中进行图文排版。排版页面的所有对象都可以被打印或输出。

②辅助板：飞腾的临时操作区域，可以用来存放文字块、图元和图像，但在打印或发排时，这些内容不会被输出。

③工具：飞腾绘图和对象操作的工具按钮。

④尺子：用来查看或控制对象所在的位置。

## 知识点 2　熟悉飞腾的工具条

默认状态下，飞腾窗口中工具箱是显示的，位于界面的左侧，如图 1 - 22。

图 1 - 22　工具箱

工具箱中的部分工具按钮的右上角带有一个小三角符号，表示该工具中还隐藏着其他同类工具。在该工具上按住鼠标左键不放，可从弹出的列表中选择其他工具。

单击"显示"→"工具条"命令，弹出"显示工具条"对话框，如图 1 - 23 所示。

在对话框中选择一个工具类型，软件界面上就会显示出对应的工具条；取消某个工具条复选框的勾选，软件界面上对应的工具条就会隐藏。

图 1 - 23　显示工具条

飞腾的工具条操作与其他常用软件基本相同，如果不了解某个按钮的作用，可以将鼠标靠近该按钮，这时会显示该按钮的功能提示，如表 1 - 1。

表 1 - 1　　　　　　　　　　　　工具按钮名称及功能说明

| 图标 | 工具名称 | 主要功能 |
| --- | --- | --- |
| ▶ | 选取工具 | 选取对象。按快捷键 Ctrl + Q，可在选取工具与文字工具之间切换。选择工具选择后，按住 Alt 键在页面上单击，鼠标指针变为手形，这时拖动鼠标可以移动页面位置 |
| ✍ | 旋转与变倍工具 | 对象的旋转、倾斜和变倍操作 |
| T | 文字工具 | 输入和选取文字 |
| ◌ | 缩放工具 | 改变显示比例，选中该工具，可以放大显示；按住 Ctrl 键，可以缩小显示 |
| ⌗ | 图像裁剪工具 | 裁剪图像和在裁剪区内移动图像以选取最佳的裁剪部位 |

续表

| 图标 | 工具名称 | 主要功能 |
|---|---|---|
| | 连接工具 | 连接若干个文字块，使它们之间有文字的续排连接关系 |
| | 解除连接工具 | 解除文字块的连接 |
| | 文字块工具 | 画不规则的文字块 |
| | 画垂直水平线工具 | 画垂直或水平线段 |
| | 画线工具 | 绘制直线 |
| | 画矩形工具 | 绘制矩形或正方形 |
| | 画圆角矩形工具 | 绘制圆角矩形。选中该工具停顿片刻，会弹出工具条，可以选择画内圆角矩形 |
| | 椭圆形工具 | 绘制椭圆形或圆形 |
| | 画菱形工具 | 绘制菱形 |
| | 画多边形工具 | 绘制多边形或折线。选中该工具停顿片刻，会弹出工具条，可以选择画五边形、六边形、八边形 |
| | 画贝赛尔曲线工具 | 绘制贝赛尔曲线 |
| | 表格工具 | 单击弹出表格工具条，进入表格编辑状态，可进行表格的绘制和编辑 |

## 知识点 3　熟悉浮动窗口

单击"视窗"菜单，选择命令，即可打开相应的浮动窗口。如图 1-24 所示"调色板"浮动窗口。

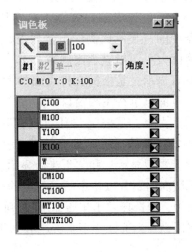
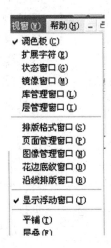

图 1-24　调色板浮动窗口

　　浮动窗口打开后会一直显示在屏幕上，可以多次在其中操作。浮动窗口可以被拖放到屏幕的任何位置。有的浮动窗口还可以被收卷起来，只留下窗口标题条，待需要时再展开。窗口标题条上的三角形按钮▲用于卷起、展开浮动窗口，浮动窗口名称及功能说明如表1-2所示。

表1-2　　　　　　　　　　　浮动窗口名称及功能说明

| 浮动窗口名称 | 主要功能 |
|---|---|
| 调色板 | 给对象定义颜色 |
| 扩展字符 | 输入各种常用的扩展字符，如乐谱、棋牌和中文数码等 |
| 状态窗口 | 显示选中对象的块参数以及做基本的对象操作，如改变大小、移动位置、旋转、倾斜和镜像等 |
| 镜像窗口 | 给对象进行镜像操作 |
| 库管理窗口 | 存放、调用和管理常用对象块 |
| 层管理窗口 | 在版面上增加和删除层，对各层进行显示、编辑设置，调整各层在版面上的位置 |
| 排版格式窗口 | 将定义好的排版格式作用于文本 |
| 页面管理窗口 | 插页、删页和移动页等页面操作 |
| 图像管理窗口 | 管理飞腾文件中的图像，管理版面上排入的图像、含有图像的对象、各个页面中的图像，以及以盒子形式插入文字块中的图像 |
| 花边底纹窗口 | 给对象设置花边底纹 |
| 沿线排版窗口 | 给对象做沿线排版操作 |

## 知识点4　选择显示比例

| | |
|---|---|
| ✓ 实际大小(A) | Ctrl+1 |
| 默认大小(D) | Ctrl+0 |
| 全页显示(P) | Ctrl+W |
| 上半版显示(U) | |
| 下半版显示(O) | |
| 25%(Q) | Ctrl+Shift+5 |
| 50% | Ctrl+5 |
| 75%(T) | Ctrl+7 |
| 150%(E) | Ctrl+6 |
| 200% | Ctrl+2 |
| 400% | Ctrl+4 |
| 数值设定(V)... | |

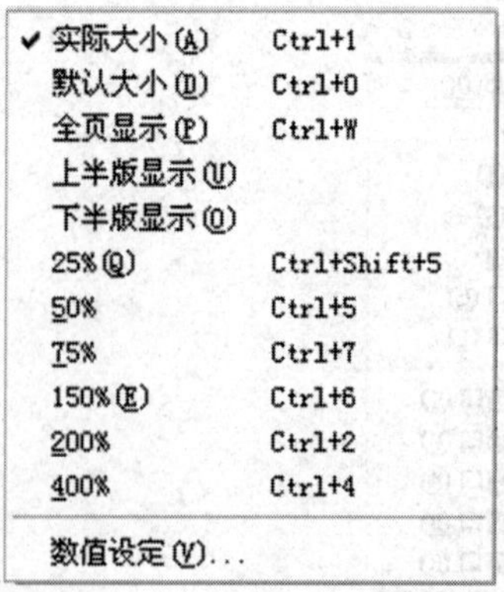

图1-25　显示比例菜单

　　飞腾默认的显示比例为全页显示，使用者可以根据自己的需要选择不同的显示比例。单击"显示"→"显示比例"命令，弹出窗口如图1-25所示，也可选择常用工具条中的"显示比例"下拉列表。

①实际大小：指显示比例为1:1。

②全页显示：是根据文件页面的大小改变显示比例，以使整个页面显示在飞腾窗口中。

③默认大小：是按照"环境设置"对话框中"版面设置"中的"默认显示"的比例值显示。

④"上半版显示"和"下半版显示"是针对当前页而言，上下版面的划分以整个版面长度的一半为界限。对单页排版来说，当选择"上半版显示"，则当前页的上半版显示在编辑区内；当选择"下半版显示"，则当前页的下半版

显示在编辑区内。对双页排版来说，默认显示的是左页
的上下版。按住 Ctrl 键，则显示右页的上下版。

⑤数值设定：选择数值设定，弹出如图 1 - 26 所示
对话框，可自设显示比例，范围是 20% ~ 700%。

选择工具条中的缩放工具，按住鼠标左键在需要
放大的版面周围画一矩形，然后松开鼠标，版面将以矩
形为中心放大。如果在拖动鼠标的同时按住 Ctrl 键，将
缩小版面。

图 1 - 26　设定显示比例

鼠标操作也可改变当前文件的显示比例，如"Ctrl + 鼠标右键"使显示比例在"默
认大小"和"全页显示"之间切换。"Shift + 鼠标右键"使显示比例在"默认大小"和
"200%"之间切换。

## 知识点 5　标尺提示线的作用

默认情况下，飞腾窗口的上、下、左、右会分别显示出垂直标尺和水平标尺。单击
"显示"→"尺子"命令，可隐藏或显示尺子。标尺起着坐标的作用，用于定位对象。
拖动两个尺子的交点，可以改变尺子坐标的原点，如图 1 - 27 所示。

尺子上的刻度，由长度单位中的坐标单位确定。

提示线的显示及有关操作：

①显示提示线：飞腾提供了水平和垂直两种提示线。提示线只用于显示，在后端并
不输出。通过"显示"菜单的"显示提示线"命令，可以控制显示线的显示和隐藏。

②生成提示线：用选取工具按住鼠标从垂直或水平标尺上向页面内拖出，即可得到
一条提示线。移动提示线时，将光标移到提示线上，光标变为双向箭头形状时，按下左
键拖动，可以在页面内任意移动提示线。提示线的默认颜色为绿色。

③固定提示线：确定好提示线的位置后，为了防止在操作过程中不小心移动提示
线，可将其固定。单击"显示"→"提示线"→"固定提示线"命令，则固定提示线。
取消"固定提示线"前的选中标记，提示线又可以被移动。

如图 1 - 28，版面中有三条水平提示线、两条垂直提示线。

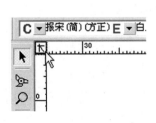

图 1 - 27　标尺

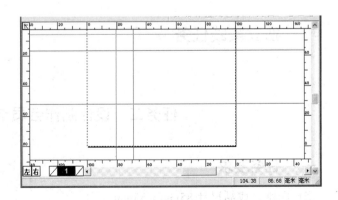

图 1 - 28　提示线

④删除提示线：用提示线将对象定位后，就可将其删除。用选取工具选中提示线，拖动并移出页面，则删除了提示线。

## 知识点6　辅助板的作用

飞腾窗口中排版页面以外的空白区域称为辅助板。在辅助板中可以存放文字块、图元或图像。但是，在打印或发排时辅助板上的内容不会被输出，如图1－29所示。

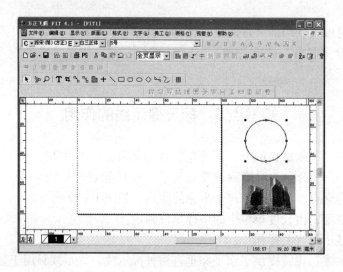

图1－29　辅助板

辅助板不受页面操作影响，在多页文件中，辅助板上的对象可以在同一文件的每一页面外显示。

辅助板主要有3种功能：组织数据、交换数据、存放常用对象。组织数据，也就是说在排版时，可先在辅助板上处理对象，然后再拖到版面上的合适位置。交换数据，就是在多页文件中，若需要将一页上的某个对象移到另一页上，可先将该对象移到辅助板上，然后翻页操作到另一页上，将辅助板上的对象移到页面中。

◉　**独立实践任务**　🔍

## 任务二　设计制作会员卡

### 一、任务要求

彩色印刷，成品尺寸85mm×55mm。

## 二、 任务参考效果图

## 任务三    设计制作记录卡

### 一、 任务要求

彩色印刷，成品尺寸 130mm×80mm。

### 二、 任务参考效果图

# 模块 2　设计制作宣传单

● | 模拟制作任务　🔍

## 任务一　设计制作花卉展宣传单

### 一、任务效果图

## 二、 任务要求

彩色印刷，成品尺寸高度 260mm，宽度 185mm。选择的图像要清晰，符合印刷要求。

## 三、 任务详解

☞**步骤 01**：启动方正飞腾后，执行"文件"→"新建"命令，弹出图 2-1 所示的"版面设置"对话框，在该对话框中设置宽度为 185mm，高度为 260mm。

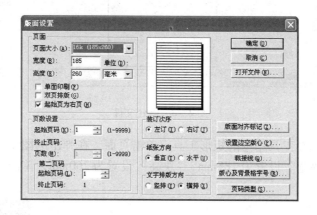

图 2-1　版面设置

☞**步骤 02**：单击"设置边空版心"按钮，弹出图 2-2 所示的"设置边空版心"对话框，将上、下、左、右页边空全设为零。

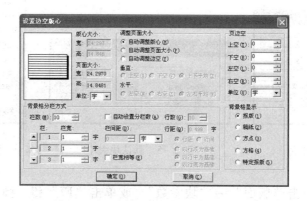

图 2-2　设置边空版心

☞**步骤 03**：依次击"确定"按钮，得到图 2-3 所示的新建文件。

☞**步骤 04**：单击"文件"→"设置选项"→"长度单位"命令，弹出图 2-4 所示的"长度单位"对话框，将"坐标单位"、"TAB 键单位"、"字距单位"、"行距单位"均设置为毫米，单击"确定"按钮。

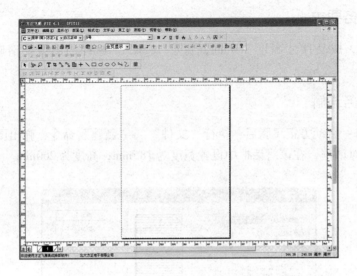

图 2 - 3  新建文件

☞**步骤 05**：选择工具箱中的矩形工具，单击页面，在弹出的图 2 - 5 "默认块大小"对话框中设置 "块宽" 设置为 185mm，"块高" 设置为 260mm，单击 "确定" 按钮。

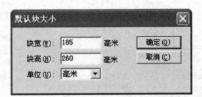

图 2 - 4  长度单位                图 2 - 5  默认块大小                图 2 - 6  块参数

☞**步骤 06**：单击 "版面" → "块参数"，或单击 "F7" 键，弹出图 2 - 6 "块参数" 对话框，将 "横坐标" 和 "纵坐标" 定为 0mm，单击 "确定" 按钮。

☞**步骤 07**：单击 "美工" → "空线"，将边框设置为空线，单击 "美工" → "底纹"，在弹出的图 2 - 7 "底纹" 对话框中，依次单击 "单一"、"颜色设置" 按钮，弹出图 2 - 8 "管理颜色" 对话框。

☞**步骤 08**：在图 2 - 8 "管理颜色" 对话框中设置颜色为 C0M0Y0K100，依次单击 "确认"、"确定"。

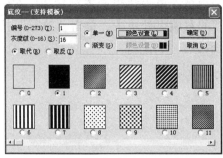

图 2 – 7　底纹

图 2 – 8　管理颜色

☞**步骤 09**：单击"F3"键，将黑背景锁定，如图 2 – 9 所示。

☞**步骤 10**：选择椭圆形工具，在辅助板上用黑色线绘制一椭圆，执行"美工"→"路径属性"→"排版区域"命令，将椭圆变为排版区域。选择文字工具，在椭圆内单击，输入文字，选择文字块，执行"美工"→"空线"命令，将线变为空线，按住鼠标左键，拖动到版面合适位置，如图 2 – 10 所示。

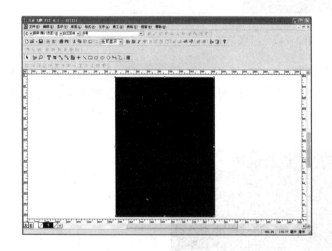

图 2 – 9　黑背景

图 2 – 10　文字排版

☞**步骤 11**：选择椭圆形工具，在辅助板上用黑色线绘制一椭圆，选择文字工具，输入"花卉展"，按住"Shift"键不放，依次单击椭圆和文字，将二者同时选中，执行"视窗"→"沿线排版窗口"命令，如图 2 –11所示。

☞**步骤 12**：在"沿线排版"对话框中，将排版方式选为撑满，勾选"改变字号"、

图 2 – 11　沿线排版

"改变颜色"，可设置合适的字号，将文字颜色设为白色，单击"设起点"按钮，在椭圆的左端点处单击，单击"设终点"按钮，在椭圆的右端点处单击，单击"执行"按钮，将文字与椭圆分开，删除椭圆，如图2－12所示。

图2－12    沿线排版

☞步骤13：执行"文件"→"排入图像"命令，按住"Ctrl"键不放，依次单击所需图片，单击"排版"按钮，导入三个图片，调整图片大小并拖放到合适位置，如图2－13所示。

图2－13    图像排版

至此完成设计。

### 知识点拓展

## 知识点 1　特殊文字块 （排版区域）

特殊文字块是指将用图元工具绘制的正方形、矩形、圆形、椭圆形、圆角矩形、菱形、任意多边形、封闭曲线等设置为排版区域，然后在图元中排入文字。

下面以椭圆形为例，介绍操作方法：

步骤 1：选择椭圆工具，绘制一个椭圆。

步骤 2：选中椭圆，执行"美工"→"路径属性"→"排版区域"命令，将椭圆转换为排版区域。

步骤 3：执行"美工"→"线型"命令，弹出如图 2-14 所示对话框，设置线粗为 5mm，颜色为彩虹渐变。

步骤 4：选择文字工具，在椭圆内部单击即可排入文字。如图 2-15 所示效果为线粗为 5mm 排版区域。

步骤 5：选中排版区域并右击，弹出"区域内空"对话框，设置区域内空 10mm，单击"确定"，得到图 2-16 所示。

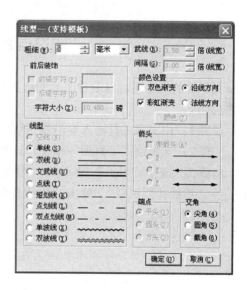

图 2-14　线型

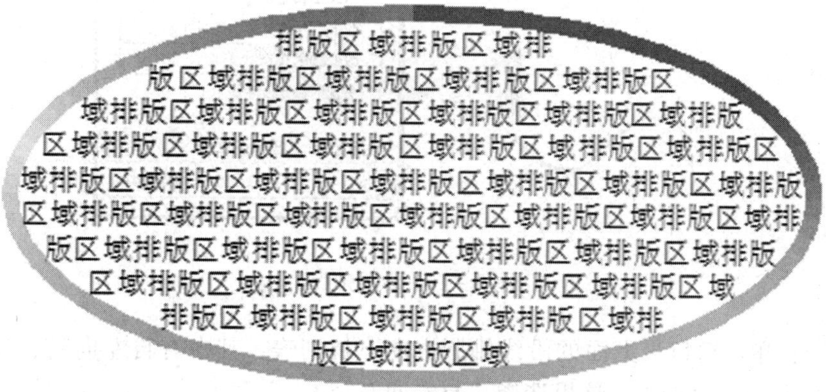

排版区域排版区域排
版区域排版区域排版区域排版区域排版区
域排版区域排版区域排版区域排版区域排版
区域排版区域排版区域排版区域排版区域排版
域排版区域排版区域排版区域排版区域排版
区域排版区域排版区域排版区域排版区域排
版区域排版区域排版区域排版区域排版
区域排版区域排版区域排版区域排
排版区域排版区域排版区域排
版区域排版区域

图 2-15　排版区域

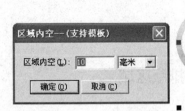

图 2 - 16　区域内空

## 知识点 2　沿线排版

文字块的文字还可以沿着图元的边界排版。飞腾的所有图元都可用于沿线排版，操作方法如下：

步骤 1：用文字工具输入要沿线排版的文字。

步骤 2：选择绘图工具画一图元，这里选择贝赛尔工具画一曲线。

步骤 3：按住"Shift"键不放，用选取工具同时选中曲线和文字块，执行"视窗"→"沿线排版窗口"，弹出"沿线排版窗口"对话框，如图 2 - 17 所示。

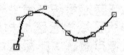

图 2 - 17　沿线排版

步骤 4：单击窗口最上面的沿线排版方向下拉列表，其中有自左向右、自右向左、自上向下、正立 4 个选项，这里选择"自左向右"。

步骤 5：沿线排版时文字的位置有居首、居尾、居中、撑满、撑满（密排）5 种，这里选择"撑满"，让文字按设定的范围均匀分布。

步骤 6：勾选"改变字号"、"改变颜色"，可设置合适的字号及颜色。

步骤7：单击"设起点"按钮，光标变为"➡"形状，在曲线的左端控制点处单击，确定起点。单击"设终点"按钮，光标变为"⬅"形状，在曲线的右端控制点处单击，确定终点。

步骤8：单击"执行"按钮，文字按指定的范围沿线均匀排版，如图2-18所示。

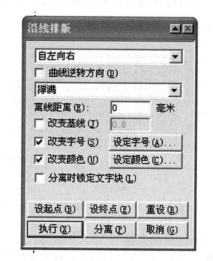

图2-18 沿线排版

"沿线排版窗口"对话框中的选项及意义如表2-1。

表2-1 "沿线排版窗口"对话框中的选项及意义

| 选项 | 意义 |
| --- | --- |
| 曲线逆转方向 | 指文字排版方向和曲线方向相反 |
| 离线距离 | 在文本框中输入数值，可设置文字离曲线的距离 |
| 改变基线 | 勾选此框，在文本框中输入0~1的数值，可以改变文字基线 |
| 改变字号 | 单击"改变字号"按钮，激活"设定字号"按钮，单击该按钮，弹出对话框，可改变文字字号 |
| 改变颜色 | 单击"改变颜色"按钮，激活"设定颜色"按钮，单击该按钮，弹出对话框，可改变文字颜色 |
| 分离时锁定文字块 | 分离后的文字块不能被移动 |
| 设起点 | 单击此按钮，光标变为"➡"，将光标移到路径上欲排文字的起点处单击可定位文字的起点 |
| 设终点 | 单击此按钮，光标变为"⬅"，将光标移到路径上欲排文字的终点处单击可定位文字的终点 |
| 重设 | 取消在此之前所设置的沿线排版的起点和终点 |

## 知识点3 调整文字块的形状

（1）一般文字块的调整

一般文字块是指排入文本或直接输入文字所生成的文字块。双击文字块，可使文字块边框适合文字块，如图 2 - 19 所示。

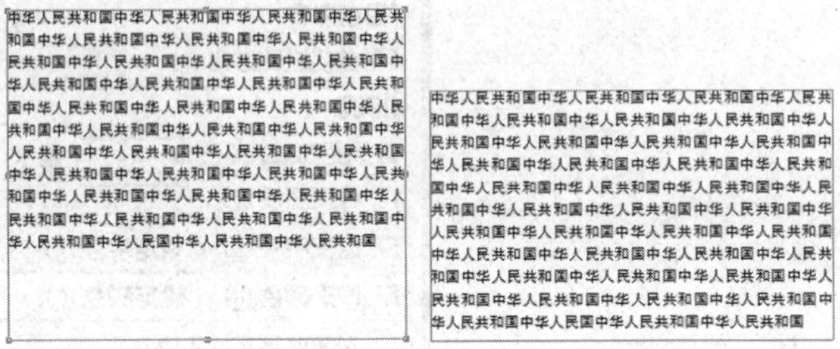

图 2 - 19 调整文字块

选中文字块，移动光标到文字块控制点上，按住"Shift"键的同时按住鼠标左键拖动到新的位置，可将文字块由矩形变为多边形，如图 2 - 20 所示。

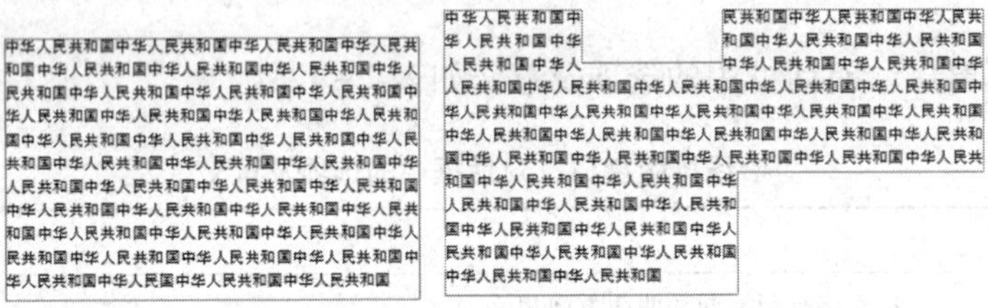

图 2 - 20 调整文字块

（2）特殊文字块的调整

特殊文字块是指由图元转换成排版区域后生成的文字块。如图 2 - 21 所示，可拖动控制点和手柄进行调整。

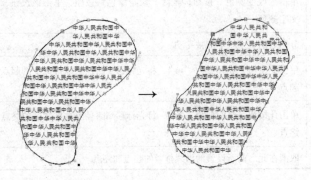

图 2 - 21 调整特殊文字块

## 知识点 4　分栏排版

在飞腾中可直接对文字块进行分栏排版。操作方法是：选取文字块，单击"版面"→"分栏"→"自定义分栏"，弹出分栏对话框，输入分栏数、栏间距，选择是否带栏线和分栏方式，单击确定即可，如图 2－22 所示。

分栏对话框的选项及意义如表 2－2。

图 2－22　分栏对话框

表 2－2　　　　　　　　　　分栏对话框的选项及意义

| 选项 | 意义 |
| --- | --- |
| 绝对 | 分栏后各栏栏宽相等，且栏宽是背景格的整数倍，不保证栏间距值 |
| 自由 | 分栏后各栏栏宽相等，栏宽不一定按整字计算，栏间距不变 |
| 相对 | 分栏后各栏不等宽，栏宽按整字计算，栏间距不变 |
| 自动 | 选中该按钮后，"分栏数"和"栏间距"文本框置灰，系统自动按背景格的栏数分栏，且分栏的栏间距就是背景格的栏间距 |
| 线型 | 单击可打开"线型"对话框，将栏线设置为所选线型 |
| 花边 | 单击可打开"花边"对话框，将栏线设置为所选花边类型 |
| 包含后续块 | 选中该复选框，则选中的文字块及其续排文字块同时按此参数分栏 |

文字块如图 2－23 所示，现在进行分栏排版。

### 花卉展

花卉展花卉展花卉展花卉展花卉展花卉展花卉展花卉展花卉展花卉展花卉展花卉展花卉展花卉展花卉展花卉展花卉展花卉展花卉展花卉展花卉展花卉展花卉展花卉展花卉展花卉展花卉展花卉展花卉展花卉展花卉展花卉展花卉展花卉展花卉展花卉展花卉展花卉展花卉展花卉展花卉展花卉展花卉展花卉展花卉展花卉展花卉展花卉展花卉展花卉展花卉展花卉展花卉展花卉展花卉展花卉展花卉展花卉展花卉展花卉展花卉展花卉展花卉展花卉展花卉展花卉展花卉展花卉展花卉展花卉展花卉展花卉展花卉展花卉展花卉展花卉展花卉展花卉展花卉展花卉展花卉展花卉展花卉展花卉展花卉展花卉展花卉展花卉展花卉展花卉展花卉展花卉展花卉展花卉展花卉展花卉展花卉展花卉展花卉展花卉展花卉展花卉展花卉展花卉展花卉展。

图 2－23　待分栏排版的文字块

在"分栏"对话框中，设置栏数为 2，栏间距 2 字，再单击"线型"按钮，在弹出的对话框中，设置栏线为双波线，单击"确定"按钮，得到分栏效果如图 2－24 所示。

**花卉展**

花卉展花卉展花卉展花卉展花卉 ⎬ 花卉展花卉展花卉展花卉展花卉展花

展花卉展花卉展花卉展花卉展花卉展 ⎬ 卉展花卉展花卉展花卉展花卉展花卉

花卉展花卉展花卉展花卉展花卉展花 ⎬ 展花卉展花卉展花卉展花卉展花卉展

卉展花卉展花卉展花卉展花卉展花卉 ⎬ 花卉展花卉展花卉展花卉展花卉展花

展花卉展花卉展花卉展花卉展花卉展 ⎬ 卉展花卉展花卉展花卉展花卉展花卉

花卉展花卉展花卉展花卉展花卉展花 ⎬ 展花卉展花卉展花卉展花卉展花卉展

卉展花卉展花卉展花卉展花卉展花卉 ⎬ 花卉展花卉展花卉展花卉展花卉展花

展花卉展花卉展花卉展花卉展花卉展 ⎬ 卉展花卉展花卉展花卉展花卉展。

图 2 - 24　文字分栏效果图

## 知识点 5　排版方式

飞腾中的文字块排版方式共有四种：正向横排、正向竖排、反向横排、反向竖排。在文字块选中状态下，单击"版面"→"排版方式"命令，分别选择正向横排、正向竖排、反向横排、反向竖排，如图 2 - 25 所示。

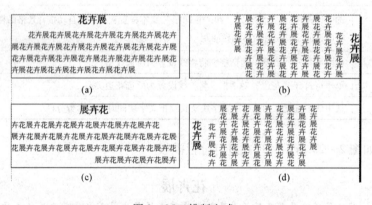

图 2 - 25　排版方式
（a）正向横排　　（b）正向竖排　　（c）反向横排　　（d）反向竖排

## 知识点 6　对位排版

对位排版是指文字块中的每一行文字都必须排在版心字整行的位置上。

飞腾的对位排版有两种形式，一种是对整个文字块的排版，即每一行都在版心字的整行上；另一种是只对文字块中各段的第一行对位排版，即选中文字块只有每段的第一行是在版心的整行上，而其他行可以不在版心的整行上。

如果要选择"只对段的第一行对位"的对位排版方式，可在"环境设置"对话框中的"版面设置"选项卡选择"只对段的第一行对位"选项。

设置对位排版的方法是，选中文字块，单击"版面"→"对位排版"命令即可。对位排版效果如图 2–26 所示。

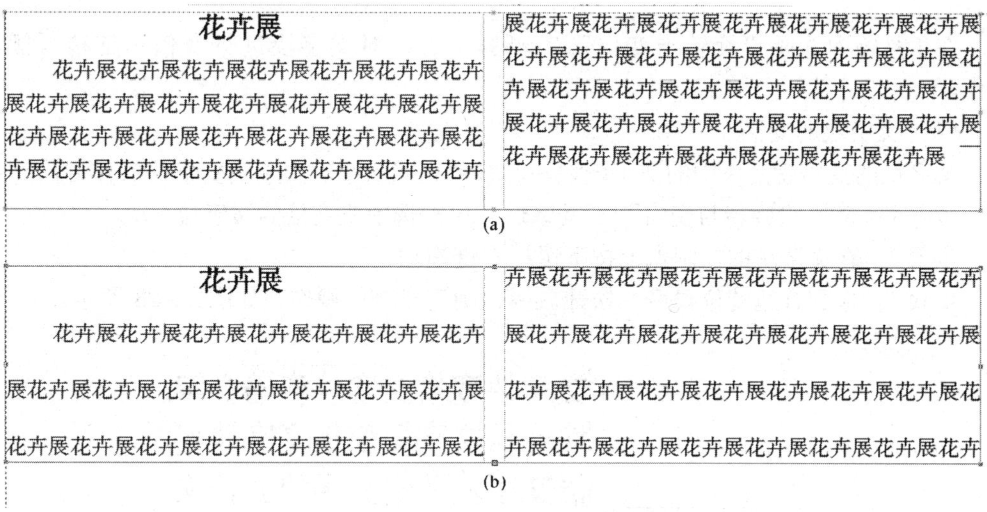

花卉展

花卉展花卉展花卉展花卉展花卉展花卉展花卉
展花卉展花卉展花卉展花卉展花卉展花卉展
花卉展花卉展花卉展花卉展花卉展花卉展花
卉展花卉展花卉展花卉展花卉展花卉展花

展花卉展花卉展花卉展花卉展花卉展花卉展花卉展
花卉展花卉展花卉展花卉展花卉展花卉展花卉展花
卉展花卉展花卉展花卉展花卉展花卉展花卉展
花卉展花卉展花卉展花卉展花卉展花卉展花卉展
花卉展花卉展花卉展花卉展花卉展花卉展花卉展

(a)

花卉展

花卉展花卉展花卉展花卉展花卉展花卉展花

展花卉展花卉展花卉展花卉展花卉展花卉展

花卉展花卉展花卉展花卉展花卉展花卉展花卉

卉展花卉展花卉展花卉展花卉展花卉展花卉展花

展花卉展花卉展花卉展花卉展花卉展花卉展花

花卉展花卉展花卉展花卉展花卉展花卉展花卉

卉展花卉展花卉展花卉展花卉展花卉展花卉

(b)

图 2–26　对位排版

（a）对位排版前文字块　　（b）对位排版后文字块

# 知识点 7　文字块连接

在飞腾排版过程中，有时需要将一篇文章分为几个文字块，并放置于版面的不同位置。这时，可使用文字块连接工具链接几个各自独立的文字块，使它们具有续排关系。具体方法是：

步骤 1：根据需要在版面合适的地方绘制多个文字块。

步骤 2：选择工具箱中的"连接"工具，依次选中要建立续排关系的文字块，出现的红色箭头指示了续排的路径，如图 2–27 所示。

步骤 3：要取消续排关系，只需选择工具栏中的"解除连接"工具，在红色箭头的箭头部分单击即可。

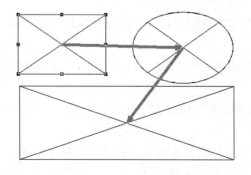

图 2–27　文字块连接

## 知识点 8    文字块的变倍、 旋转与倾斜

在工具箱中选择"旋转与变倍"工具 ，可以对文字块进行变倍、旋转与倾斜操作。

（1）文字块的变倍

文字块的变倍就是块中的文字随块一起被放大或缩小。文字块变倍的操作方法是：

步骤1：选择"旋转与变倍"工具 后，单击选中要变倍的文字块。

步骤2：在文字块的控制点上按下鼠标左键拖动。

步骤3：拖到合适的位置后，松开鼠标，则完成变倍操作，如图2-28所示。

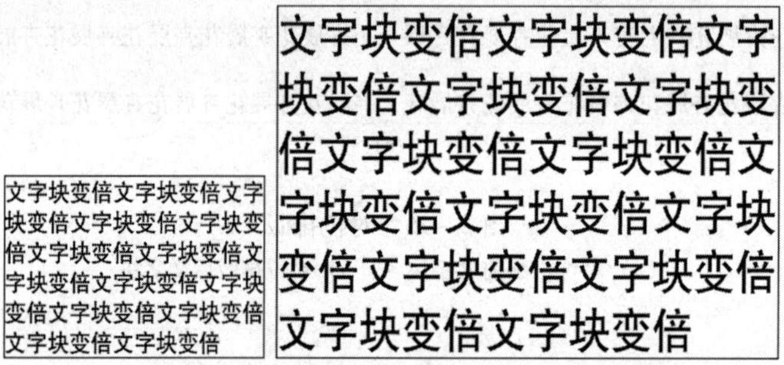

图 2 - 28    文字块变倍

文字块变倍的最大缩放倍数是32。按住 Shift 键的同时进行变倍操作，则变倍以文字块中心为基准进行。按住 Ctrl 键的同时进行变倍操作，则文字块中的文字不随文字块的改变而改变。

（2）文字块的旋转

文字块的旋转就是利用"旋转与变倍"工具 ，使文字块围绕某点任意旋转。文字块旋转的操作方法是：

步骤1：选择"旋转与变倍"工具 后，选中要旋转的文字块，文字块进入变倍编辑状态。再次单击文字块，进入旋转编辑状态，此时文字块的四个角上出现四个旋转控制点，文字块中心显示一个旋转中心标志。

步骤2：如果想改变文字块的旋转中心，可用鼠标选中旋转中心标志，并拖到合适位置即可。

步骤3：拖动文字块的旋转控制点，文字块将随鼠标的移动而围绕旋转中心旋转，如图2-29所示。

按住 Shift 键进行旋转，文字块以45°为单位旋转。

（3）文字块的倾斜

文字块的倾斜与文字块的旋转类似，不同之处是操作时通过选中并拖动上下边框处的倾斜控制点来完成，如图2-30所示。

图 2 - 29　文字块旋转

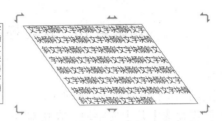

图 2 - 30　文字块倾斜

（4）恢复操作

若要将经过旋转、倾斜或变倍以后的文字块恢复到初始状态，可以通过"块参数"对话框完成操作，方法如下：

步骤 1：选中需要恢复的文字块。

步骤 2：单击"F7"键，打开"块参数"对话框。

步骤 3：在"旋转角度"和"倾斜角度"文本框中输入 0。

步骤 4：若要恢复变倍前的状态，则选中"百分比"单选按钮，其后在"横向缩放比"和"纵向缩放比"文本框中输入 100。

步骤 5：设置完成，单击"更新块"按钮，文字即恢复为初始状态。

## 知识点 9　文字块渐变

飞腾排版系统提供了对整个文字块的颜色渐变设置功能，具体操作方法是：

步骤 1：选中要调整的文字块。

步骤 2：执行"文字"→"文字块渐变"命令，弹出"渐变颜色设置"对话框。

步骤 3：在"渐变类型"下拉列表框中提供了多种渐变方式可供选择，选定一种渐变方式，此处选择线性渐变。

步骤 4：在"渐变参数"下输入"角度"值，在"渐变中心"下输入"横坐标"和"纵坐标"的值。

步骤 5：单击"起始颜色"按钮，在打开的"颜色"对话框中选择黄色。

步骤 6：单击"终止颜色"按钮，在打开的"颜色"对话框中选择蓝色。

步骤7：单击"确定"按钮，弹出如图2-31所示。

图2-31 渐变颜色设置

## 知识点10 块对齐和块合并

（1）块对齐

飞腾排版系统提供了块对齐工具栏如图2-32，可实现块对齐操作。具体操作方法是：按住Shift键连续选中几个文字块，在块对齐工具栏中选择对齐方式即可。

图2-32 块对齐

（2）块合并

在飞腾中可以将几个块合并成一个组，将该组对象作为一个整体操作。这样可以实现对多个块同时操作等功能。对合并后的块，若要单独操作，还可再分离。具体操作方法是：按住Shift键连续选中几个文字块，单击"F4"键，或者右击执行"块合并"命令即可合并多个块。块分离时，执行"Shift+F4"，或右击执行"块分离"命令即可分离块，如图2-33所示。

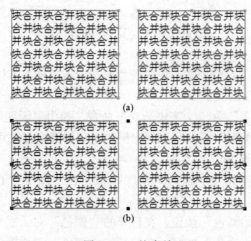

图2-33 块合并
（a）合并前 （b）合并后

## 知识点 11    块锁定和块解锁

（1）块锁定

块在排版过程中，为了防止对已经排完的文字块进行误操作而破坏该文字块的排版效果，飞腾排版系统提供了块锁定的功能。

具体方法是：选中文字块，执行"版面"→"块锁定"命令，在子菜单中提供两种方式供用户选择。

普通锁定（快捷键 F3）：禁止修改文字块的位置和大小，但可进行旋转等操作。

编辑锁定：禁止对文字块进行一切操作。

（2）块解锁

具体方法是：选中已锁定的文字块，执行"版面"→"块锁定"命令，即可解锁。

◉    独立实践任务    🔍

## 任务二    设计制作山水宣传单

### 一、 任务要求

彩色印刷，成品尺寸宽 370mm，高 260mm。

### 二、 任务参考效果图

# 模块 3  设计制作图书内页

◉ 模拟制作任务  🔍

## 任务一  设计制作 《历史人物》 内页

### 一、任务效果图

**目 录**

孔子……………………001

秦始皇…………………020

老子……………………029

蔡伦……………………045

汉武帝…………………059

孟子……………………066

隋文帝…………………078

朱熹……………………090

司马迁…………………122

刘邦……………………153

庄子……………………180

唐太宗…………………205

**孔子基本信息**

孔子（公元前551年9月28日~公元前479年4月11日），子姓，孔氏，名丘，字仲尼，祖籍宋国栗邑（今河南省商丘市夏邑县），生于春秋时期鲁国陬邑（今山东省曲阜市）。中国著名的思想家、教育家、政治家，与弟子周游列国十四年，晚年修订六经，即《诗》《书》《礼》《乐》《易》《春秋》。被联合国教科文组织评为"世界十大文化名人"之首。孔子一生修《诗》《书》，定《礼》《乐》，序《周易》，作《春秋》（另有说《春秋》为无名氏所作，孔子修订）。

## 二、 任务要求

彩色印刷。成品尺寸要求宽 145mm，高 210mm。选择的图像要清晰，符合印刷要求。文字的字体、字号及颜色可以自己设计。

## 三、 任务详解

☞**步骤 01**：启动方正飞腾后，执行"文件"→"新建"命令，弹出图 3 - 1 所示的"版面设置"对话框，在该对话框中设置宽度为 145mm，高度为 210mm，页数设为 2。

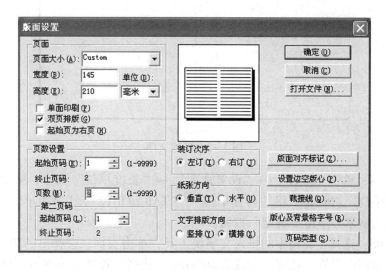

图 3 - 1　版面设置

☞**步骤 02**：单击"设置边空版心"按钮，弹出图 3 - 2 所示的"设置边空版心"对话框，将上、下页边空设置为 25mm，左、右页边空设为 20mm。

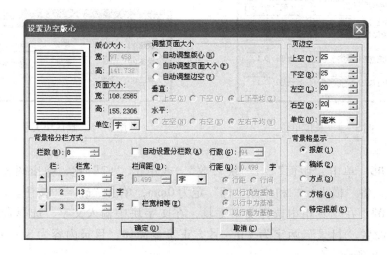

图 3 - 2　设置边空版心

☞**步骤 03**：依次击"确定"按钮，得到图 3-3 所示的新建文件。执行"显示"→"背景格"命令可去掉和添加背景格。

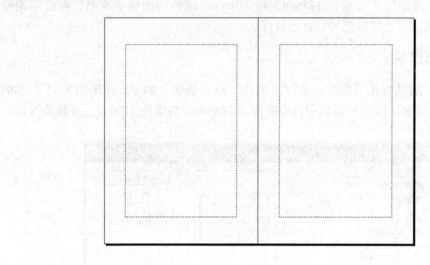

图 3-3　新建文件

☞**步骤 04**：单击"文件"→"设置选项"→"长度单位"命令，弹出图 3-4 所示的"长度单位"对话框，将"坐标单位"、"TAB 键单位"、"字距单位"、"行距单位"均设置为毫米，单击"确定"按钮。

☞**步骤 05**：选择工具箱中的排入文字块工具，单击页面，在弹出的图 3-5"默认块大小"对话框中设置"块宽"设置为 105mm，"块高"设置为 160mm，单击"确定"按钮。

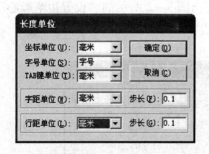

图 3-4　长度单位

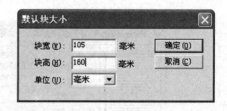

图 3-5　默认块大小

☞**步骤 06**：单击"版面"→"块参数"，或单击"F7"键，弹出图 3-6"块参数"对话框，将"横坐标"和"纵坐标"定为 0mm，单击"确定"按钮。

☞**步骤 07**：在工具箱中选择文字工具，在文字块中输入文字，选择合适的字体、字号，这里设置"目录"两字为"0"号方正隶变简体，目录内容为 3 号方正粗倩简体，如图 3-8 所示。

☞**步骤 08**：选中目录内容，执行"文字"→"行距与行间"命令，弹出如图 3 – 7 所示对话框，这里设置行距为 5mm，单击"确定"按钮，得到图 3 – 8。

图 3 – 6　块参数

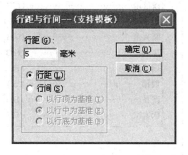

图 3 – 7　行距

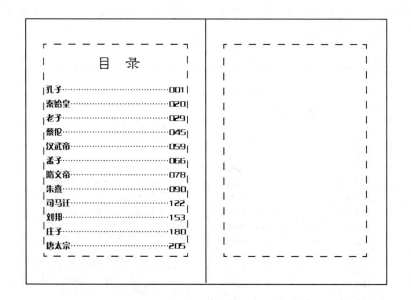

图 3 – 8　目录制作

☞**步骤 09**：选择文字工具，输入"孔子基本信息"，将文字设置为 0 号方正粗倩简体，单击"格式"→"叠题"→"形成叠题"，或单击"F8"键，在"本"字处回车，得到如图 3 – 9。

☞**步骤 10**：选择文字工具，输入版心文字，将文字设置成 4 号微软雅黑。

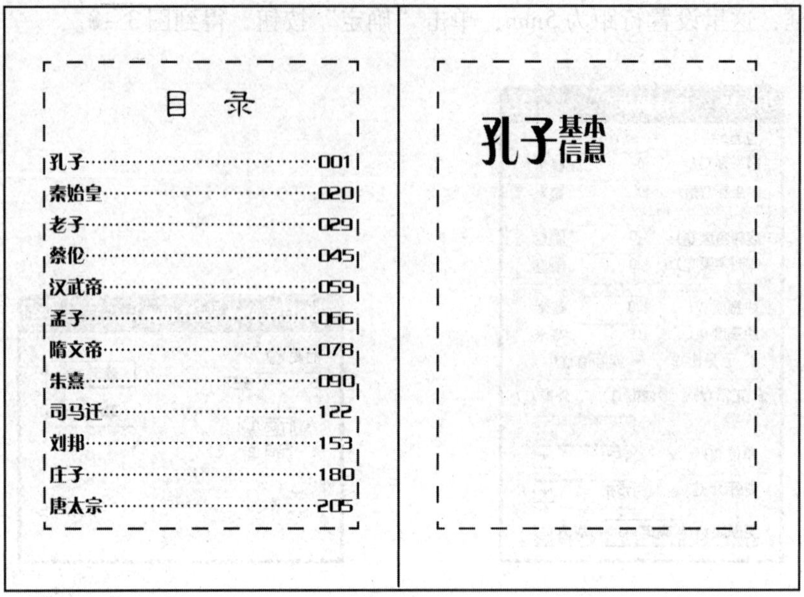

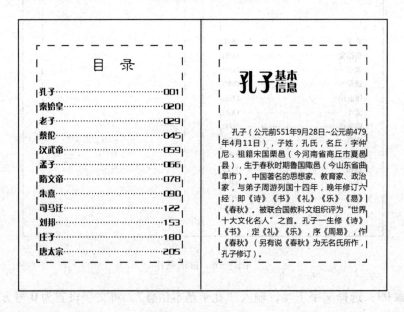

图 3 - 9　叠题制作

☞**步骤 11**：选择文字工具，输入"孔子"，将文字设置成小 4 号方正粗倩，拖放到合适位置，如图 3 - 10 所示。

图 3 - 10　文字制作

☞**步骤 12**：导入图片，并放至合适位置。

至此，页面设计完毕。

## 知识点拓展 ⌕

## 知识点 1　行格式

行格式是指行中文字的对齐方式。

在文字编辑状态下，选中文字，执行"格式"→"行格式"命令，弹出行格式子菜单，如图 3-11 所示。

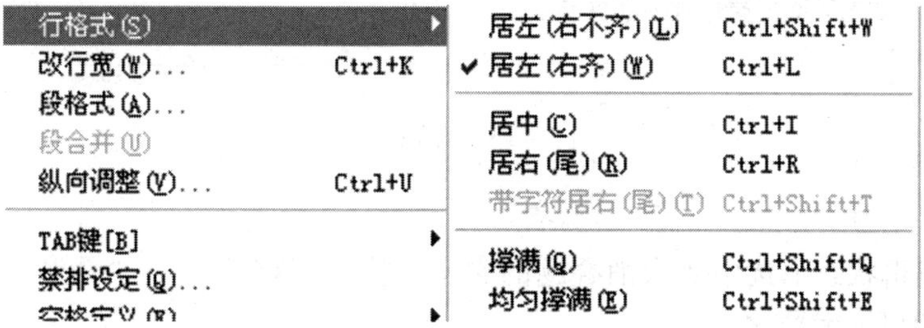

图 3-11　行格式菜单

"带字符居右"可用于目录排版。设置"带字符居右"时，需选中要操作的字符；设置其他格式时，光标位于操作文字所在的行即可，目录排版如图 3-12 所示。

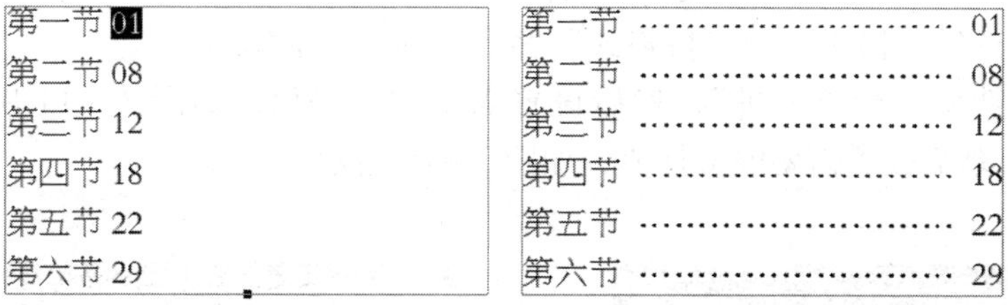

图 3-12　带字符居右排目录

如果要取消目录效果，可选中目录后面的数字或选中全部目录段落，然后再选择"格式"菜单"行格式"下的其他任何一种对齐方式即可。

## 知识点 2　叠题

叠题是指在一行中排列多行文字的功能。

（1）形成叠题

在文字编辑状态下选中要设置叠题的文字，执行"格式"→"叠题"→"形成叠题"命令，在需要分行的位置单击鼠标，使光标闪烁在此处，然后按回车键即可完成叠题。

如图3－13所示，在文字编辑状态下选中"方正飞腾实训教程"，执行"格式"→"叠题"→"形成叠题"命令，将鼠标在"腾"字后单击，按回车键即可完成叠题效果。

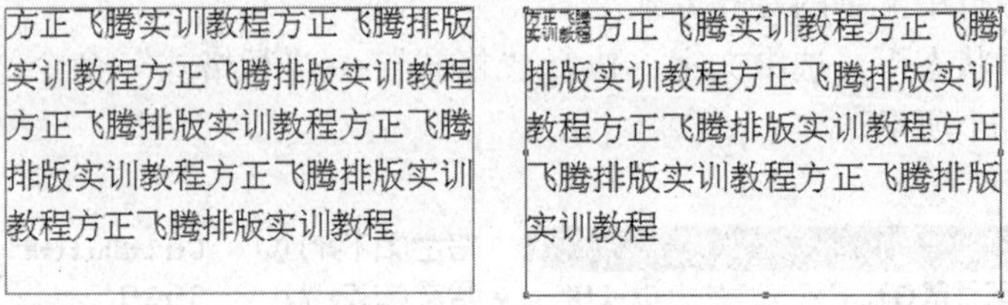

方正飞腾实训教程方正飞腾排版实训教程方正飞腾排版实训教程方正飞腾排版实训教程方正飞腾排版实训教程方正飞腾排版实训教程

图3－13 叠题前后

（2）取消叠题

在文字编辑状态下选中要取消叠题的文字，执行"格式"→"叠题"→"取消叠题"命令，即可取消叠题。

## 知识点3  段格式

设置段格式的操作方法是：

步骤1：用文字工具将光标定位在要修改段落格式的段落中。

步骤2：选择"格式"→"段格式"命令，弹出对话框。

步骤3：选中"段首缩进"，然后设置需要的缩进值，如图3－14所示。或选中"段首悬挂"，然后设置需要的悬挂值，如图3－15所示。

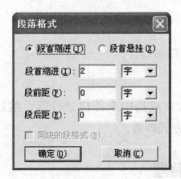

图3－14  段首缩进

图 3 – 15　段首悬挂

## 知识点4　改行宽

改行宽就是选中文字块或文字块中的几行文字，通过定义行首行末的缩进，调整文字的宽度。改行宽的操作方法是：

步骤1：选中文字块或文字块中的部分文字，单击"格式"→"改行宽"命令。

步骤2：在弹出的"改行宽"对话框中设置左端缩进值和右端缩进值后，单击"确定"即可。

如图 3 – 16 所示，第二段的文字设置了左缩进值为3，右缩进值为3。

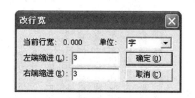

图 3 – 16　改行宽

## 知识点5　段首大字

在飞腾中可以给段落定义段首大字，起到突出和美化的作用。段首大字的操作方法是：

步骤1：使用文字工具将光标置于要定义段首大字的段落。

步骤2：单击"文字"→"段首大字"命令，弹出"段首大字"对话框。

步骤3：设置"大字个数"、"字高占行"等选项后，单击"确定"按钮即可。这里选择"大字个数"为1，"字高占行"为2，得到如图3-17所示效果。

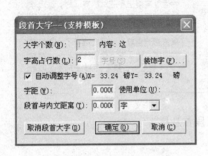

图3-17　段首大字

如果单击"装饰字"按钮，会弹出"装饰字"对话框，可设置文字的装饰效果。选中"自动调整字号"复选框，系统自动调整段首大字的字号，不选中该项，用户可以自己定义段首大字的字号。

如果要取消段首大字，可将光标置于有段首大字的段落中，单击"文字"→"段首大字"命令，打开"段首大字"对话框，单击"取消段首大字"按钮即可。

## 知识点6　竖排字不转

在飞腾中竖排文字时，默认情况下，英文、数字都会向左旋转90°。如果选中了"竖排字不转"命令，英文和数字不作旋转。具体操作方法如下：

步骤1：用文字工具选中文字或用选取工具选中文字块。

步骤2：单击"格式"→"竖排字不转"命令，得到如图3-18所示效果。

图3-18　竖排字不转

如果要取消已设置的"竖排字不转"效果，可选中文字块或设置了"竖排字不转"效果的文字，再次执行"格式"→"竖排字不转"命令即可。

## 知识点 7　纵中横排

在飞腾中设置竖排时，利用"纵中横排"功能可以设置少于等于 5 个字的汉字、英文及数字的排版方向不变，且保持为一个盒子。"纵中横排"的操作方法是：

步骤 1：用文字工具选中需"纵中横排"的文字块。

步骤 2：单击"格式"→"纵中横排"→"全文数字压缩"，得到如图 3 – 19 所示效果。

图 3 – 19　纵中横排

也可只选需"纵中横排"的字符（少于 5 个汉字），选择"纵中横排"菜单下的文字不压缩、文字部分压缩和最大压缩。这里选择"book"，文字原样、文字不压缩、文字部分压缩和最大压缩效果如图 3 – 20 所示。

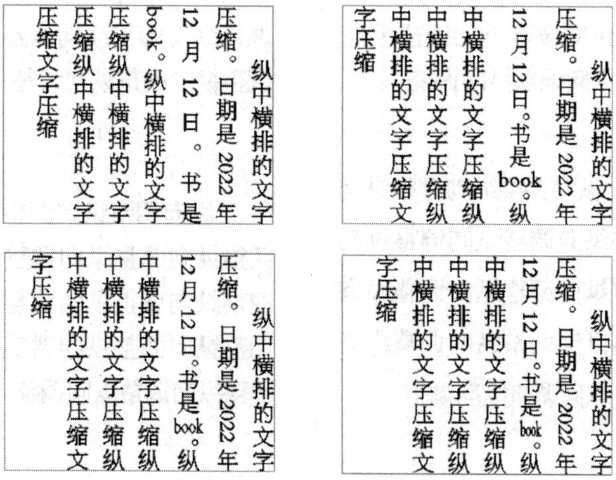

图 3 – 20　纵中横排中的文字压缩

## 知识点8　纵向调整

纵向调整是使文字在指定的高度内均匀排版、居中排版、撑满排版和居下排版。

操作方法是：在文字状态下，单击"格式"→"纵向调整"命令，弹出"纵向调整"对话框，如图3-21所示。"纵向调整"对话框中的选项及意义如表3-1。

图3-21　纵向调整对话框

表3-1　　　　　　　　　　"纵向调整"对话框中的选项及意义

| 选项 | 意义 | 选项 | 意义 |
|------|------|------|------|
| 总高 | 设置选中文字或文字块的总高度 | 上空 | 设置文字上方留白的距离 |
| 正常 | 自上而下排版 | 均匀 | 在设置了总高的区域内均匀排版 |
| 居中 | 在设置了总高的区域内居中排版 | 撑满 | 在设置了总高的区域内撑满排版 |
| 居下 | 在设置了总高的区域内居下排版 | | |

设置完相关参数和选择好对齐方式后，单击"确定"按钮即可。图3-22是均匀排版、居中排版、撑满排版和居下排版设置的效果。

| | |
|---|---|
| 纵向调整纵向调整纵向调整纵向调整纵向调整纵向调整纵向调整纵向调整纵向调整纵向调整纵向调整纵向调整纵向调整纵向调整 | 纵向调整纵向调整纵向调整纵向调整纵向调整纵向调整纵向调整纵向调整纵向调整纵向调整纵向调整 |
| (a) | (b) |
| 纵向调整纵向调整纵向调整纵向调整纵向调整纵向调整纵向调整纵向调整纵向调整纵向调整纵向调整纵向调整纵向调整 | 纵向调整纵向调整纵向调整纵向调整纵向调整纵向调整纵向调整纵向调整纵向调整纵向调整纵向调整 |
| (c) | (d) |

图3-22　纵向调整
(a) 均匀　(b) 居中　(c) 撑满　(d) 居下

## 知识点 9　特殊符号的输入

选择快捷工具栏中的"文字"工具，并在页面内单击鼠标，即进入文字编辑状态，可以在光标位置输入文字和符号。

在安装飞腾排版系统时，安装程序可将两种输入法安装到计算机中。其中，方正五笔输入法用于使用五笔字型的用户；方正动态键盘输入法用于输入特殊符号，该输入法是以码表结合动态键盘的方式工作的。

其中动态键盘上各键对应的符号随选择的码表不同而不同。

下面以输入希腊字母中用到的"αβ"为例，介绍一下输入特殊符号的方法：

（1）使用快捷键"Ctrl + Shift"切换输入法，使 Windows 的输入法状态栏显示为"方正动态键盘"，如"⚙方正动态键盘40 码表选择 _"。

（2）单击"码表选择"按钮，在弹出的码表分类菜单中选中"希腊字母"选项，如图 3 – 23 所示。

（3）单击输入法状态右端的按钮，弹出与"希腊字母"码表子类对应的动态键盘，如图 3 – 24 所示。

| ✓ 控制，标点 | 多国外文（一） |
| --- | --- |
| 数学符号 | 多国外文（二） |
| 科技符号 | 多国外文（三） |
| 逻辑科技 | 国际音标（一） |
| 汉语拼音 | 国际音标（二） |
| 数字（一） | 国际音标（三） |
| 数字（二） | 括号注音符 |
| 数字（三） | 日文片假名 |
| 箭头，多角形 | 日文平假名 |
| 希腊字母 | 制表符 |
| 俄文，新蒙文 | 其他符号 |

图 3 – 23　码表选择

图 3 – 24　希腊字母动态键盘

（4）用鼠标单击"αβ"符号对应的 A、B 键或直接在键盘上按 A、B 键，则将输入"αβ"到当前编辑位置。

（5）使用快捷键 Ctrl + Shift 切换输入法，回到一般文字编辑状态。

## 知识点 10　拼音/注音输入

使用飞腾的拼音/注音功能，可以在汉字的旁边排入拼音或注音，通过不同的选择可以将拼音或注音排在汉字的上、下、左、右。还可以调整拼音或注音的大小和与汉字的距离。

下面以给文字加拼音为例，简单说一下操作方法：

（1）输入并设置好要加拼音的文字及格式。

（2）打开方正动态键盘，在每个汉字后面输入相应的拼音，如图 3 – 25 所示。

方 fāng 正 zhèng 飞 fēi 腾 téng 中 zhōng 的 de 汉 hàn 字 zì 加 jiā 拼 pīn 音 yīn

图 3 – 25　汉字后输入拼音

（3）选中要加拼音的文字及后面的拼音，执行"文字"→"拼/注音排版"命令，弹出如图 3 – 26 所示对话框。

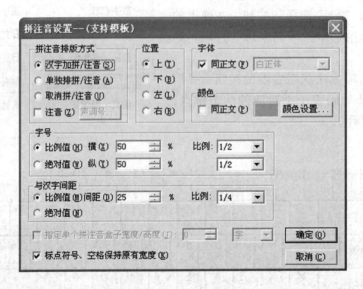

图 3 – 26　拼/注音对话框

（4）在弹出的对话框中设置排版方式为"汉字加拼音"，拼音位置为"上"，拼音颜色为 C100，单击"确定"按钮，如图 3 – 27 所示。

fāngzhèng fēi téngzhōng de hàn zì jiā pīn yīn
# 方 正 飞 腾 中 的 汉 字 加 拼 音

图 3 – 27　汉字加拼音效果

## 知识点 11　文字的编码转换

　　飞腾排版系统提供了两种文字编码转换方式：全角/半角转换和简体/繁体转换。执行转换只需要完成如下操作：首先要在文字编辑状态下选中需要转换的文字，执行"文字"→"编码转换"命令，在编码转换菜单中选择相应选项，如图 3-28 所示。

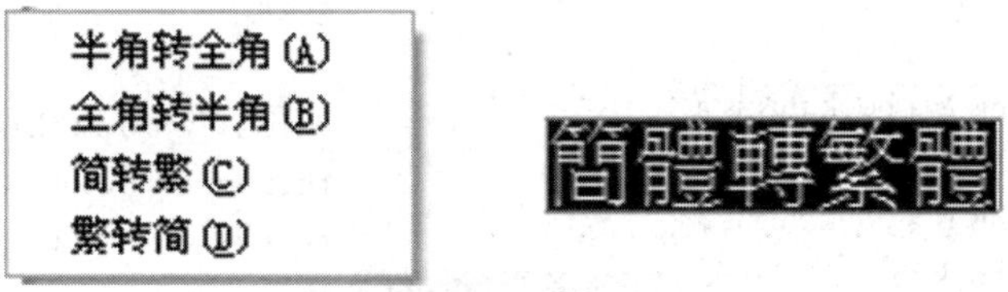

图 3-28　编码转换

## 知识点 12　字距与字间

　　飞腾排版系统支持在汉字之间进行字距与字间的调整。字距指相邻文字间隔的距离，字间指相邻文字基准点之间的距离。具体操作步骤如下：

　　（1）选择快捷工具栏中的"文字"工具，选中要设置的文字，执行"文字"→"字距与字间"命令，弹出"字距和字间"对话框，如图 3-29 所示。

　　（2）在"字距"文本框中输入字距 1，并选择单位为毫米，单击确定按钮，如图 3-30 所示。

图 3-29　字距和字间

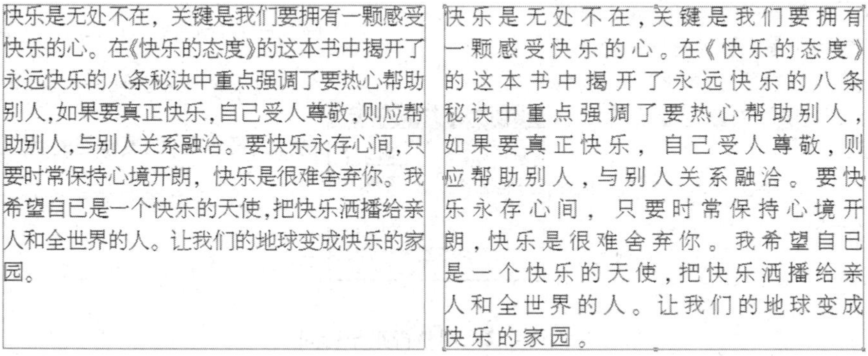

快乐是无处不在，关键是我们要拥有一颗感受快乐的心。在《快乐的态度》这本书中揭开了永远快乐的八条秘诀中重点强调了要热心帮助别人，如果要真正快乐，自己受人尊敬，则应帮助别人，与别人关系融洽。要快乐永存心间，只要时常保持心境开朗，快乐是很难舍弃你。我希望自已是一个快乐的天使，把快乐洒播给亲人和全世界的人。让我们的地球变成快乐的家园。

快乐是无处不在，关键是我们要拥有一颗感受快乐的心。在《快乐的态度》的这本书中揭开了永远快乐的八条秘诀中重点强调了要热心帮助别人，如果要真正快乐，自己受人尊敬，则应帮助别人，与别人关系融洽。要快乐永存心间，只要时常保持心境开朗，快乐是很难舍弃你。我希望自已是一个快乐的天使，把快乐洒播给亲人和全世界的人。让我们的地球变成快乐的家园。

图 3-30　调整字距

## 知识点 13    字母间距

飞腾排版系统提供了"字母间距"功能来调整英文字母之间的距离。

选择快捷工具栏中的"文字"工具，选中要设置的英文字母，执行"文字"→"字母间距"命令，弹出"字母间距"对话框，在"字母间距"文本框中输入间距值，单击"确定"按钮即可完成，如图 3-31 所示。

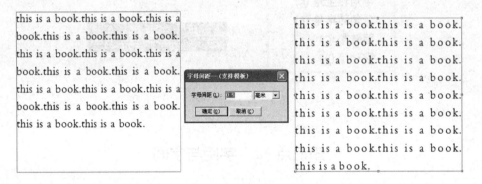

图 3-31    调整字母间距

## 知识点 14    行距与行间

飞腾排版系统支持行距与行间的调整。具体操作步骤如下：

选择工具栏中的文字工具，选中要设置的文字，执行"文字"→"行距与行间"命令，弹出"行距与行间"对话框，在"行距"文本框中输入行距 5mm，单击"确定"按钮，如图 3-32 所示。

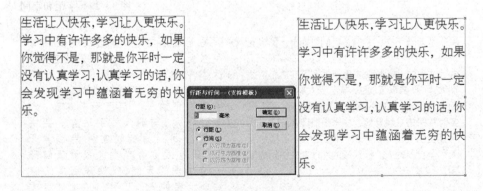

图 3-32    调整行距与行间

## 知识点 15　Tab 键的排版功能

在飞腾排版系统中使用经定义的 Tab 键，可以实现上下行文字的对齐和段首对齐。

（1）Tab 键的定义

执行"格式"→"Tab 键"→"定义 Tab 键"命令，弹出"TAB 设定"对话框，如图 3-33 所示。

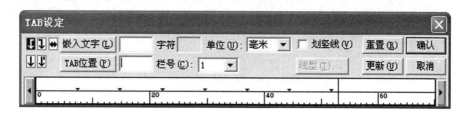

图 3-33　TAB 设定

对话框下方显示的是与排版标尺相同的标尺，单击左右两端的三角形按钮可移动标尺。

该对话框提供了 5 种对齐方式：

按钮，使 Tab 键对齐的对象是左对齐。

按钮，使 Tab 键对齐的对象是右对齐。

按钮，使 Tab 键对齐的对象是撑满。

按钮，使 Tab 键对齐的对象是居中对齐。

按钮，使 Tab 键对齐的对象是字符对齐。

选中一种对齐方式后，在标尺上单击鼠标，在相应位置将出现对齐标记。如果选中按钮，则可在"字符"文本框中输入字符，按该字符对齐。

单击"TAB 位置"按钮，弹出"TAB 位置"下拉列表框，在该列表框中可对对齐标记进行追加、删除、移动和重复操作。

（2）Tab 键的使用

Tab 键的定义完成后，可在文字输入状态下使用 Tab 键。按下 Tab 键，光标将有当前位置自动移动到下一个已定义的对齐位置，并自动应用对齐方式。

如果要设置一个文字快的对齐方式，可使用快捷工具栏中"选取"工具选中该文字块，执行"格式"→"Tab 键"→"按 Tab 键对齐"命令，该块中的文字自动按 Tab 键的定义对齐。如图 3-34（a）所示，设置 TAB 键位置在"●"后。

（3）Tab 键的取消

如果要取消 Tab 键对齐，只需"格式"→"Tab 键"→"取消 Tab 键对齐"命令即可，如图 3-34（b）所示。

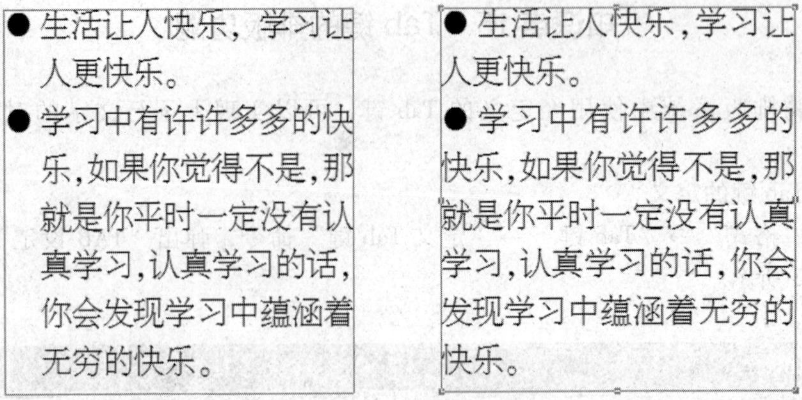

● 生活让人快乐，学习让人更快乐。
● 学习中有许许多多的快乐,如果你觉得不是,那就是你平时一定没有认真学习,认真学习的话,你会发现学习中蕴涵着无穷的快乐。
● 生活让人快乐，学习让人更快乐。
● 学习中有许许多多的快乐,如果你觉得不是,那就是你平时一定没有认真学习,认真学习的话,你会发现学习中蕴涵着无穷的快乐。

(a) (b)

图 3－34 按 TAB 键对齐

## 知识点 16 标题排版

标题排版是飞腾排版中对创意和技巧要求较高的项目。飞腾排版系统设置标题的方法包括定义标题和新建标题两种。

(1) 定义为标题

在文字编辑状态下选中要设置为标题的文字，执行“格式”→“标题”→“设置标题”命令，弹出“形成标题”对话框，如图 3－35 所示。“形成标题”对话框中的选项及意义如表 3－2。

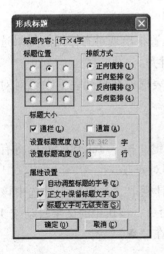

形成标题
标题内容: 1行×4字
标题位置
排版方式
正向横排 (1)
正向竖排 (2)
反向横排 (3)
反向竖排 (4)
标题大小
通栏 (L)
通篇 (A)
设置标题宽度 (W): 19.342 字
设置标题高度 (H): 3 行
属性设置
自动调整标题的字号 (Z)
正文中保留标题文字 (K)
标题文字可无级变倍 (S)
确定 (O)
取消 (C)
快乐学习并不是说一味的笑，而是采用学生容易接受的快乐方式把知识灌输到学生的大脑里。因为快乐学习是没有什么大的压力的,人在没有压力的情况下会表现得更好。快乐学习也就铸造了正确的思维理念，自然就有了快乐成长。快乐在我看来很简单,只要生活过得充实,就会快乐。

图 3－35 形成标题

表 3 – 2                          "形成标题"对话框中的选项及意义

| 选项 | 意义 |
|---|---|
| "标题位置"选项区 | 设置标题在文字块中的位置，九宫图中列出了 9 种位置 |
| "排版方式"选项区 | 设置标题的排版方式，有"正向横排"等 4 种 |
| "标题大小"选项区 | 设置标题的宽度和高度 |
| "自动调整字号"复选框 | 选中该复选框，则系统根据文字块的大小自动设置标题文字的大小，如果不选中则标题字号仍为当前字号 |
| "标题文字可无级变倍"复选框 | 设置完成后单击标题，四周会出现变倍控制点，拖动可改变大小 |
| "正文中保留标题文字"复选框 | 选中该复选框，正文中保留标题文字 |

在"形成标题"对话框中单击"确定"按钮，用选中工具选中标题，适当拖动，如图 3 – 36 所示。

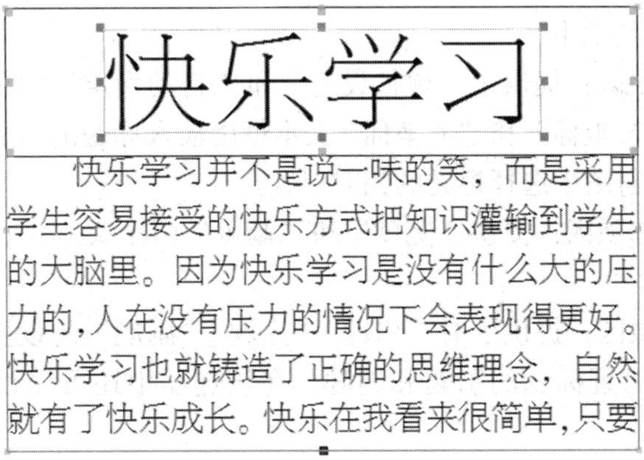

图 3 – 36 无级变倍标题

（2）新建标题

在排版工作中，更常见的是为正文文字块新建一个标题，使用这种方法可以对标题进行更全面的设置。具体操作步骤如下：

步骤 1：选择工具栏中的"选取"工具，选中要新建标题的文字块。

步骤 2：执行"格式"→"标题"→"设置标题"命令，弹出"标题属性设置"对话框，如图 3 – 37 所示。

对于已包含标题的文字块，如果要新建标题，必须先取消原有标题。方法是：先选中文字块，执行"格式"→"标题"→"设置标题"命令，在弹出的"标题属性设置"对话框中，单击"删除标题"按钮，然后单击"确定"按钮即可。

单击"新建标题"按钮，则在"标题列表"对话框中增加一个标题，接着可在两个选项卡中对这个标题对象进行设置。

单击"储存标题格式"按钮，将当前标题格式储存以备今后调用。

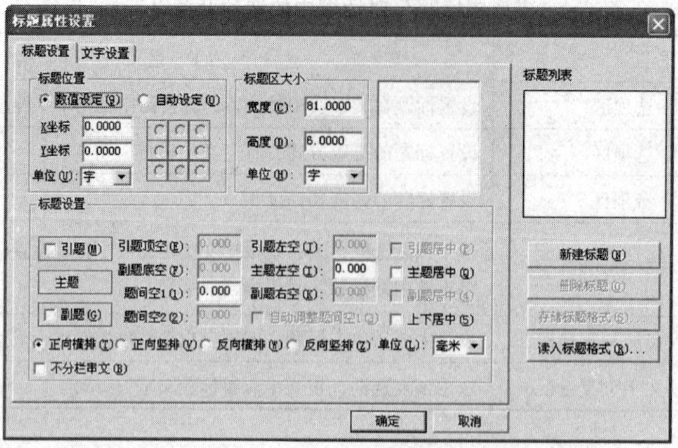

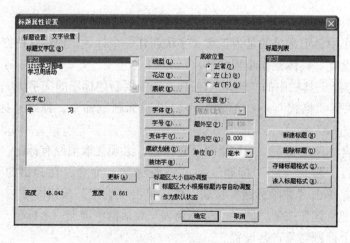

图 3 - 37    标题属性设置

单击"读入标题格式"按钮，将读入储存的标题格式。

① "标题设置"选项卡

"标题设置"选项区：提供了"数值设定"和"自动设定"两种方式。选中"数值设定"方式，可在"X 坐标"和"Y 坐标"文本框中输入标题的坐标参数；选中"自动设定"方式，可在九宫图中选择标题的相对位置。

"标题区大小"选项区：提供"宽度"和"高度"两个文本框，用于设置标题区的大小。

"标题设置"选项区：提供了对"引题""主题""副题"的设置。选中"引题"和"副题"复选框，可设置标题的引题和副题。在该选项中还可以设置标题的各项位置参数。

② "文字设置"选项卡

"文字设置"选项卡如图 3 - 38 所示。

图 3 - 38    文字设置选项卡

"标题文字区"：列出当前存在的标题及其引题和副题的列表。

"文字"：显示选中标题的文字内容。

右侧列出了 8 个效果按钮，单击某一按钮将弹出相应的设置对话框可供设置标题的文字效果。

"底纹位置"选项区：用于设置底纹相对于标题的位置。

"文字位置"下拉列表框：选择标题文字在标题区域中的位置。

"题外空"文本框：设置标题与标题区的距离。

"题内空"文本框：设置标题与标题区域边框的距离。

"标题区大小根据标题内容自动调整"复选框：选中该选框，则标题区大小根据标题内容自动调整。

"作为默认状态"复选框：选中该复选框，将"标题区大小根据标题内容自动调整"的功能作为默认状态。

如图 3 – 39 所示设置的新建标题的效果。

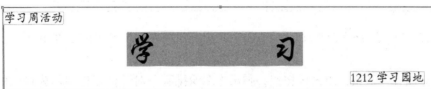

图 3 – 39　设置完成后的标题

（3）标题的修改

标题生成之后，可以在页面中进一步修改标题的大小，主题与副题、引题之间的相对位置等。

选择工具栏中的"选取"工具，选中文字块正文区，可同时拖动正文和标题。

选择工具栏中的"选取"工具，选中文字块标题区，可移动整个标题区。

按住 Shift 键，选择工具栏中的"选取"工具，选中文字块标题区，可独立移动主题、引题或副题。

（4）给标题添加衬图和底纹

在飞腾排版系统中，可以为标题区设置底纹或加入衬图。

①给标题加底纹

选择快捷工具栏中的"选取"工具，选中文字块标题区，执行"格式"→"标题"→"设置标题底纹"命令，弹出"设置标题区底纹"对话框，如图 3 - 40 所示。

单击"设置底纹"按钮，弹出"底纹"对话框，从中可选择合适的底纹种类。

"标题区边空"选项区中可以设置底纹与标题区的边空。

②给标题区加衬底图片

选择快捷工具栏中"选取"工具，选中文字块标题区，执行"格式"→"标题"→"设置标题衬底图片"命令，弹出"设置标题衬底图片"对话框，如图 3 - 41 所示。

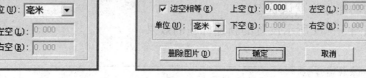

图 3 - 40　设置标题区底纹　　　　　　图 3 - 41　设置标题衬底图片

"指定图片"按钮：单击该按钮，弹出"图像排版"对话框，选中作为衬底的图片，单击"排版"按钮排入。

"图片设置"选项区：设置图片相对于标题区的边空大小。

完成后单击"确定"按钮即可加入衬底图片，如图 3 - 42 所示。

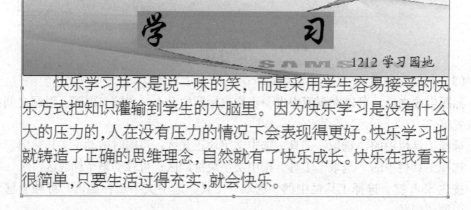

图 3 - 42　设置完成后的衬底图片

**独立实践任务**    🔍

## 任务二　设计制作菊花展宣传单

### 一、 任务要求

彩色印刷。成品尺寸要求宽 145mm，高 210mm。选择的图像要清晰，符合印刷要求。文字的字体、字号及颜色可以自己设计。

### 二、 任务参考效果图

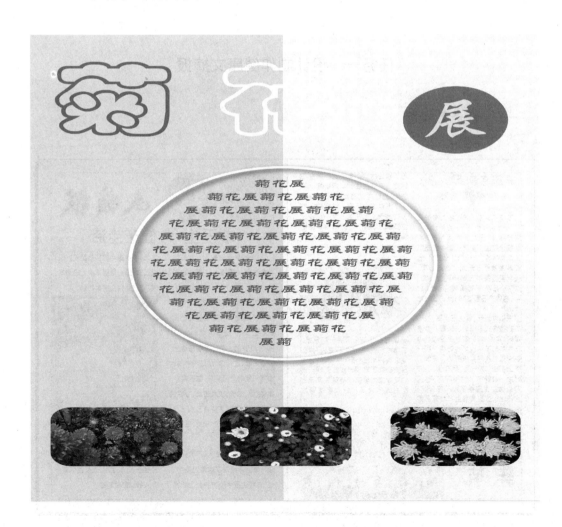

# 模块 4　设计制作文摘报

◉ | 模拟制作任务　🔍

## 任务一　设计制作健康文摘报

### 一、任务效果图

## 二、 任务要求

彩色印刷。成品尺寸要求宽 185mm，高 260mm。选择的图像要清晰，符合印刷要求。文字的字体、字号及颜色可以自己设计。

## 三、 任务详解

☞**步骤 01**：启动方正飞腾后，执行"文件"→"新建"命令，弹出图 4-1 所示的"版面设置"对话框，在该对话框中设置宽度为 180mm，高度为 260mm，页数设为 2。

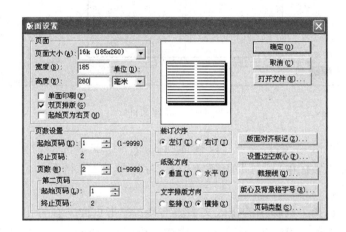

图 4-1　版面设置

☞**步骤 02**：单击"设置边空版心"按钮，弹出图 3-2 所示的"设置边空版心"对话框，将上、下页边空设置为 10mm，左、右页边空设为 10mm。

图 4-2　设置边空版心

☞**步骤 03**：依次击"确定"按钮，得到图 4-3 所示的新建文件。执行"显示"→"背景格"命令可去掉和添加背景格。

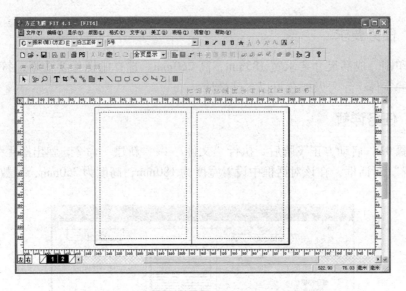

图4-3　新建文件

☞**步骤04**：单击"文件"→"设置选项"→"长度单位"命令，弹出"长度单位"对话框，将"坐标单位""TAB 键单位""字距单位""行距单位"均设置为毫米，单击"确定"按钮。

☞**步骤05**：选择工具箱中的排入文字块工具，单击页面，在弹出的"默认块大小"对话框中设置"块宽"设置为165mm，"块高"设置为180mm，单击"确定"按钮。

☞**步骤06**：在工具箱中选择文字工具，在文字块中输入文字，选择合适的字体、字号，这里设置为3号报宋。

☞**步骤07**：选中文字块，单击"版面"→"分栏"命令，在弹出的对话框中设置栏数为2，栏间距为6mm。

☞**步骤08**：导入图片，放至所需位置，右击图片，弹出图文互斥对话框图4-4，选择"图文相关""不串文"。

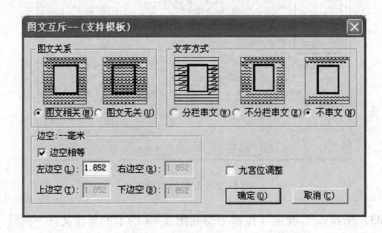

图4-4　图文互斥

☞**步骤 09**：选中文字块，单击"版面"→"对位排版"命令，得到如图 4-5 所示效果。

图 4-5    制作过程

☞**步骤 10**：绘制一文字块，块高 18mm，块宽 165mm。右击文字块，单击"底纹"，弹出图 4-6 所示"底纹"对话框。

☞**步骤 11**：在"底纹"对话框中，选择"单一"，单击"颜色设置"按钮，弹出图 4-7"颜色设置"对话框。

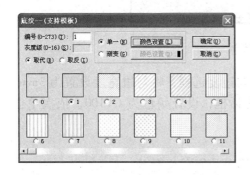

图 4-6    底纹

图 4-7    颜色设置

☞**步骤 12**：在"颜色设置"对话框中，设置颜色为 C20M0Y0K0，依次单击"确认"、"确定"按钮。输入文字"珍爱生命，健康生活"，设置文字为居中，字体号为 0 号黑体，得到图 4-8 所示。

# 珍爱生命,健康生活

图 4-8    颜色设置

☞**步骤13**：单击椭圆工具，按住"Shift"键绘制一正圆，单击"F7"键，在弹出的块参数对话框中输入块高38mm，块宽38mm，单击"确定"按钮。

☞**步骤14**：选中圆并右击，将底纹及线型均设为CY100。

☞**步骤15**：输入文字"健"，设置为63pt魏体。

☞**步骤16**：将文字放在圆的正中央，设置文字的颜色为白色，选中二者，单击"F4"。

☞**步骤17**：用相同的方法再作一个圆，文字改为"康"即可。

☞**步骤18**：输入文字"文摘报"，将文字设置为63pt行楷。选中文字，执行"文字"→"变体字"命令，弹出"变体字"对话框，如图4-9所示。

图4-9　变体字

☞**步骤19**：在"变体字"对话框中，单击勾边复选框，将勾边宽度设置为3mm，单击"勾边颜色"按钮，弹出"管理颜色"对话框，设置颜色为CY100，依次单击"确认""确定"按钮，如图4-10所示。

图4-10　制作过程

☞**步骤20**：选中文字块工具，绘制一文字块，单击"F7"键，在弹出的块参数对话框中，设定块宽为165mm，块高为172mm，单击"确定"按钮。

☞**步骤21**：选择文字工具输入文字，设置合适的字体号。这里，选择3号报宋。

☞**步骤22**：选中文字块，执行"版面"→"分栏"→"自定义分栏"命令，在弹出的分栏对话框中，设置栏数为2，栏间距为6mm，单击"确定"按钮。

☞**步骤23**：选中标题字“关注食品安全，共创健康生活”，将文字颜色设置为CY100，字体号设置为1号黑体，执行“文字”→“变体字”命令，弹出4－11对话框。

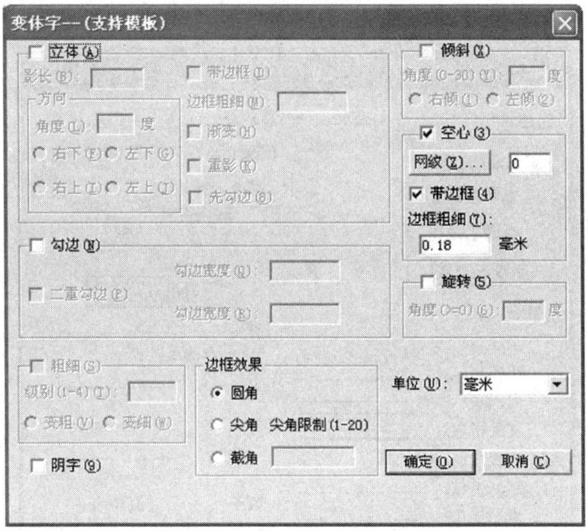


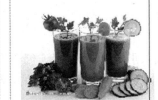

图4－11 空心字

☞**步骤24**：在“变体字”对话框中，单击空心复选框，单击“确定”按钮即可。

☞**步骤25**：导入图片，右击图片，单击“图文互斥”命令，在弹出的对话框中选择“图文相关”“不串文”，如图4－12所示。

关注食品安全，共创健康生活

5月25日，浙江省工商局公布：雀巢金牌成长3+奶粉为不合格产品。10天之后，6月5日河南电视台报道：变质光明牛奶返厂加工再销售。一时间，举国哗然。雀巢是世界上最大的食品公司，光明乳业是中国第一乳业公司。这两个品牌，可都是知名品牌。如今，名牌产品都这样，我们还能吃什么？

民以食为天。食上无小事。校门口就是各式各样的小摊贩，卖烧烤的，卖油炸的，卖铁板烧的。每天中午和下午放学的时候，那一条街道总是熙熙攘攘的，同学们挤上前去，你一元，我五角，小摊的主人笑眯眯地忙得不可开交。可是这些食品是多么不安全啊，且不说，这些食品生产的背后都用了哪些材料，单说这小摊摆在路边，来来往往的车辆扬起一阵灰尘，就粘在这些食品上面，随后进了同学们的肠胃。据有关人员调查显示，校园里小胖子增多的主要原因就是，小摊上的食品畅销啊。

鉴定食品安全需要一双慧眼，在学校开展“关注食品安全，共创健康美好生活”活动中，我们对食品安全有了更深一步的了解。我们更希望主管部门能雷厉风行地打击假劣食品，让大家吃得放心。

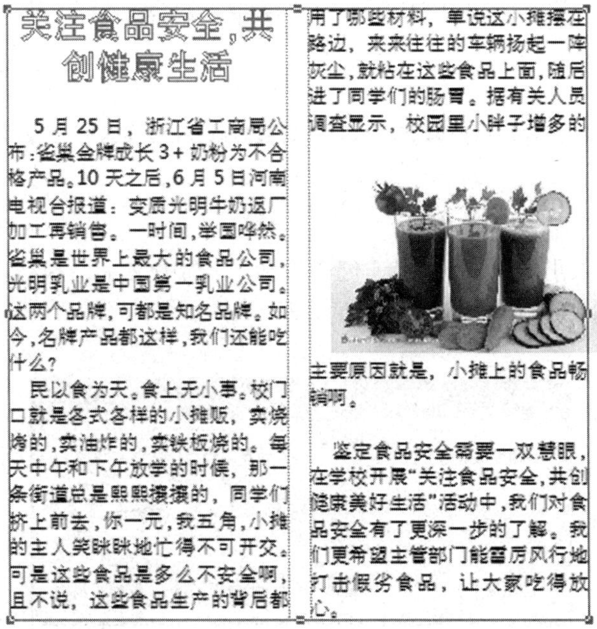

图4－12 制作过程

☞**步骤 26**：选中画线工具，绘制一长 165mm 的直线，将其颜色设置为 CY100。

☞**步骤 27**：选中直线，执行"美工"→"线型"命令，弹出图 4 – 13"线型"对话框。

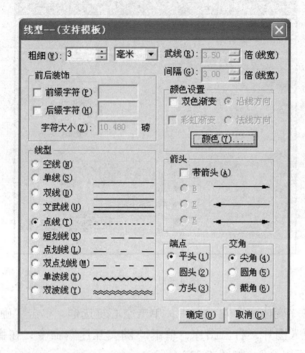

图 4 – 13　线型

☞**步骤 28**：在"线型"对话框中，设置线型为点线，线粗为 3mm，单击"确定"按钮，如图 4 – 14 所示。

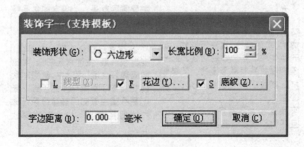

图 4 – 14　点线

☞**步骤 29**：输入小 10 号黑体字"健康生活"，选中文字，执行"文字"→"装饰字"命令，弹出如图 4 – 15"装饰字"对话框。

图 4 – 15　装饰字

☞**步骤 30**：在"装饰字"对话框中，选择装饰形状为六边形，勾选花边复选框，单击"花边"按钮，弹出"花边"对话框，如图 4 – 16 所示。

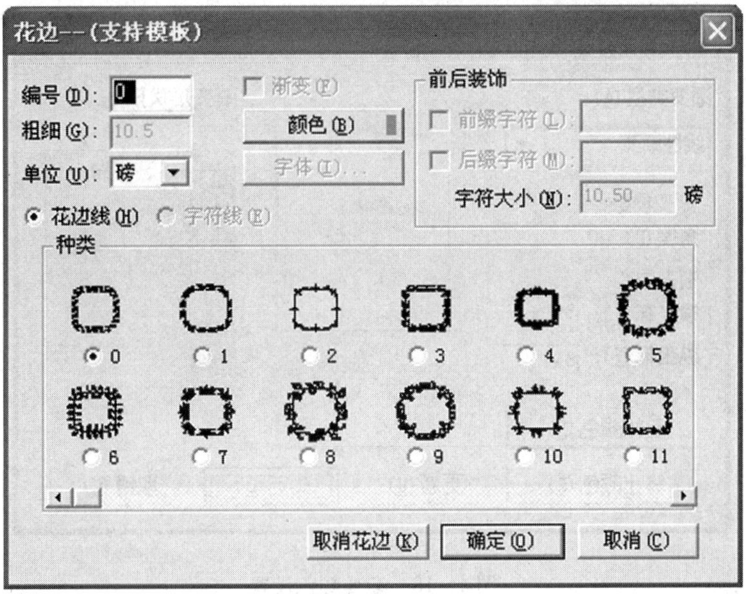

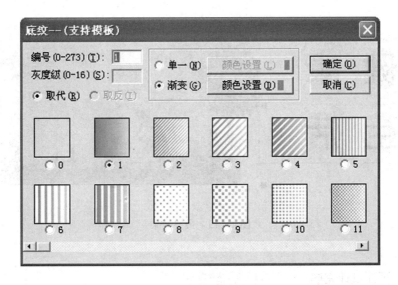

图 4 – 16　花边

☞**步骤 31**：在"花边"对话框中，选择一种花边，单击"颜色"按钮，在弹出的"管理颜色"对话框中选择 CY100，依次单击"确认""确定"按钮。

☞**步骤 32**：在"装饰字"对话框中，勾选底纹复选框，单击"底纹"按钮，弹出"底纹"对话框，如图 4 – 17 所示。

图 4 – 17　底纹

☞**步骤33**：在"底纹"对话框中，选择底纹编号为1，颜色类型为渐变，单击"颜色设置"按钮，弹出"渐变颜色设置"对话框，如图4-18所示。

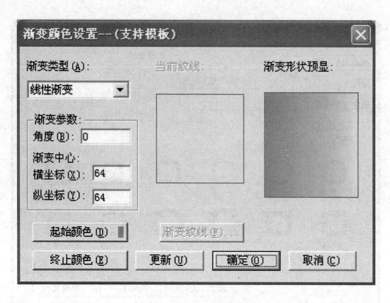

图4-18　渐变颜色设置

☞**步骤34**：在"渐变颜色设置"对话框中，选择"渐变类型"为线性渐变，角度0，横坐标64，纵坐标64，单击"起始颜色"按钮，在弹出的"管理颜色"对话框中，设置起始颜色为CY100，设置终止颜色为Y100，依次单击"确认"和"确定"按钮。

☞**步骤35**：导入图片，最终效果如图4-19所示。

图4-19　最终效果

至此，页面设计完毕。

### ◉ 知识点拓展 🔍

## 知识点 1 　 立体字

利用立体字可对文字进行修饰。

具体方法是：在文字编辑状态下选中文字，执行"文字"→"变体字"命令，弹出图 4 – 20 所示"变体字"对话框。

图 4 – 20 　 变体字对话框

在"变体字"对话框中，选中"立体"复选框，即可设置立体字效果。立体字选项区如图 4 – 21 所示，文体字选项区中的选项及意义如表 4 – 1 所示。

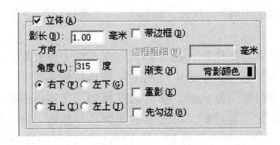

图 4 – 21 　 立体字

**表 4 - 1**　　　　　　　　　　　　　　　　立体字选项区中的选项及意义

| 选项 | 意义 |
| --- | --- |
| "影长"文本框 | 指立体字阴影在立体方向上的长度 |
| "方向"选项区 | 指立体阴影的方向，包括"右下""右上""左下""左上"4 个方向。这 4 个方向阴影的角度可以分别在"角度"文本框中设置，也可直接在"角度"文本框中输入角度值 |
| "带边框"复选框 | 选中该复选框，可以给立体底纹加指定宽度 |
| "背影颜色"按钮 | 选中该按钮，可打开管理颜色对话框，选择立体底纹的颜色，如图 4 - 22 所示 |
| "渐变"复选框 | 选中该复选框，则"背影颜色"按钮被"起始颜色"和"终止颜色"按钮取代。单击"起始颜色"和"终止颜色"按钮，可分别设置渐变底纹的起始和终止颜色 |
| "重影"复选框 | 选中该复选框，则"带边框"和"渐变"不可用。单击"重影颜色"按钮，可在弹出的"管理颜色"对话框中设置重影颜色 |
| "先勾边"复选框 | 选中该复选框，则在"变体字"复选框中同时选中"立体"和"勾边"两个复选框。此时，先设置勾边，再设置立体 |

图 4 - 22　管理颜色对话框

下面做一个阴影在右上且颜色为由白色到蓝色、带边框的立体字示例。操作方法是：

步骤 1：选中"方正飞腾"，执行"文字"→"变体字"命令，弹出"变体字"对话框。

步骤 2：选中"立体"复选框，在"影长"文本框中设置影长为 5mm。

步骤 3：在"方向"选项区中选中"右上"单选按钮。

步骤 4：选中"带边框"复选框，在"边框粗细"文本框中输入 1。

步骤 5：选中"渐变"复选框，单击"起始颜色"按钮，在弹出的对话框中选择白色为起始颜色，单击"终止颜色"按钮，在弹出的对话框中选择蓝色为终止颜色，如图 4 - 23 所示。

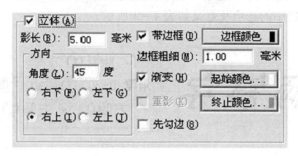

图 4 – 23　立体字示例

## 知识点 2　勾边字

在"变体字"对话框中，选中"勾边"复选框，即可设置勾边效果，如图 4 – 24 所示，勾边字选项区中的选项及意义如表 4 – 2 所示。

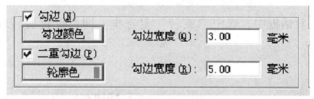

图 4 – 24　勾边字示例

表 4 – 2　　　　　　　　　　　勾边字选项区中的选项及意义

| 选项 | 意义 |
| --- | --- |
| "勾边颜色"按钮 | 单击该按钮弹出颜色对话框，可设置勾边颜色 |
| "勾边宽度"文本框 | 可输入勾边宽度的值 |
| "二重勾边"复选框 | 选中该复选框，出现"轮廓色"按钮。单击该按钮弹出颜色对话框，可选择二重勾边轮廓的颜色，在"勾边宽度"文本框中可输入二重勾边宽度的值 |

### 知识点3  倾斜字

在"变体字"对话框中，选中"倾斜"复选框，即可设置倾斜效果，如图 4 – 25 所示，倾斜字选项区中的选项及意义如表 4 – 3 所示。

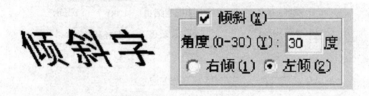

图 4 – 25  倾斜字示例

**表 4 – 3**  倾斜字选项区中的选项及意义

| 选项 | 意义 |
| --- | --- |
| "角度"文本框 | 可在该文本框中输入文字倾斜的角度（0°～30°） |
| "右倾"单选按钮 | 选中该按钮，则文字向右倾斜 |
| "左倾"单选按钮 | 选中该按钮，则文字向左倾斜 |

### 知识点4  旋转字

在"变体字"对话框中，选中"旋转"复选框，即可设置旋转效果，如图 4 – 26 所示。

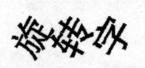 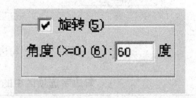

图 4 – 26  旋转字示例

### 知识点5  粗细字

在"变体字"对话框中，选中"粗细"复选框，即可设置粗细字效果，如图 4 – 27 所示，粗细字选项区中的选项及意义如表 4 – 4 所示。

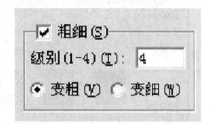

图 4 – 27 粗细字示例

**表 4 – 4** 粗细字选项区中的选项及意义

| 选项 | 意义 |
| --- | --- |
| "级别" 文本框 | 可在该文本框中输入文字粗细的级别（1~4） |
| "变细" 单选按钮 | 选中该按钮，则级别越高，文字越细 |
| "变粗" 单选按钮 | 选中该按钮，则级别越高，文字越粗 |

## 知识点 6 空心字

在"变体字"对话框中，选中"空心"复选框，即可设置空心字效果，如图 4 – 28 所示，空心字选项区中的选项及意义如表 4 – 5 所示。

图 4 – 28 空心字示例

**表 4 – 5** 空心字选项区中的选项及意义

| 选项 | 意义 |
| --- | --- |
| "网纹" 按钮 | 单击该按钮，将弹出"底纹"对话框，如图 4 – 29 所示，可在该对话框中设置底纹编号和网纹的颜色 |
| "带边框" 复选框 | 选中该按钮，可给文字加边框 |
| "边框粗细" 文本框 | 可输入边框的粗细值 |

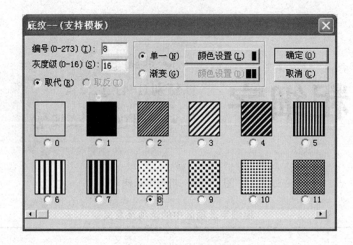

图 4 - 29    网纹设置

## 知识点7    阴字

在"变体字"对话框中，选中"阴字"复选框，即可设置阴字效果。如图 4 - 30
所示为带有阴字效果的综合变体字参数设置及其效果。

图 4 - 30    变体字综合

## 知识点8 给文字加划线

在文字编辑状态选中文字，执行“文字”→“底纹与划线”命令，弹出如图4－31所示对话框。

底纹与划线
底纹
单行(S)
边框和底纹(A)
多行(M)
多行底纹(B)
线型
划线(L)...
确定(O)
取消(C)

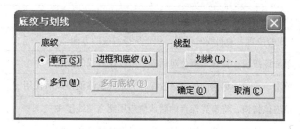

图4－31 底纹与划线对话框

在“底纹与划线”对话框中单击“划线”按钮，弹出“附加线”对话框，如图4－32所示。

附加线
线型
空线(A)
单线(B)
双线(D)
文武线(E)
点线(F)
短划线(G)
点划线(H)
双点划线(I)
单波线(J)
双波线(K)
线的位置
上线(M)
中线(N)
下线(P)
斜线(S)
斜线类型
正斜线(T)
反斜线(U)
交叉线(V)
偏移(W): 0.00 毫米
线宽(X): 8.00 毫米
双线间距(Y): 4 倍(线宽)
示意
飞腾排版系统
画通栏线(L)
颜色(L)
设为默认(Q)
使用默认值(R)
确定(O)
取消(C)

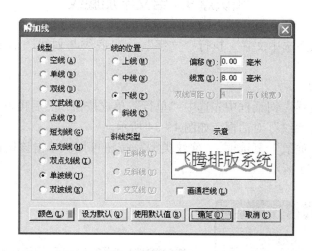

图4－32 附加线对话框

用文字工具选中需加划线的文字，设置线型为“单波线”，线颜色为C100，线粗为5mm，依次单击确定按钮，如图4－33所示，“附加线”对话框中的选项及意义如表4－6所示。

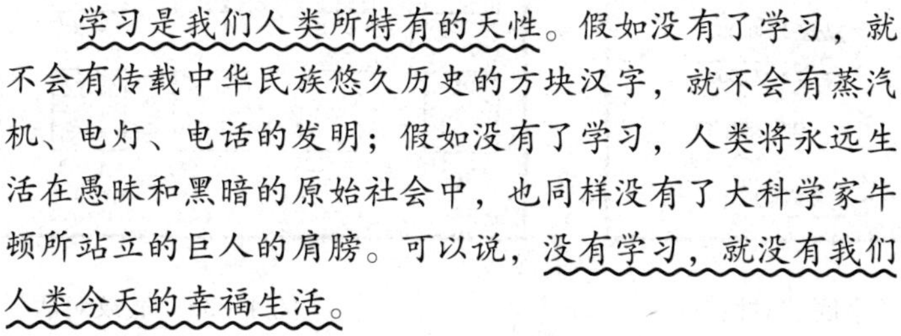

学习是我们人类所特有的天性。假如没有了学习，就不会有传载中华民族悠久历史的方块汉字，就不会有蒸汽机、电灯、电话的发明；假如没有了学习，人类将永远生活在愚昧和黑暗的原始社会中，也同样没有了大科学家牛顿所站立的巨人的肩膀。可以说，没有学习，就没有我们人类今天的幸福生活。

图4－33 单波线

表4-6                        "附加线"对话框中的选项及意义

| 选项 | 意义 |
| --- | --- |
| "线型"选项区 | 在该选项区中可选择划线的种类。飞腾排版系统提供了10种线型 |
| "线的位置"选项区 | 在该选项区中可以选择划线相对于文字的位置,有上、中、下、斜4种。在选择上、中、下线的时候,右侧的"偏移"和"线宽"文本框可用 |
| "双线间距"文本框 | 在选择"双线"线型时可用 |
| "斜线类型"选项区 | "线的位置"为斜线时可用,用于选择斜线的方向 |
| "颜色按钮" | 单击该按钮,将弹出颜色对话框,可以设置线的颜色 |
| "设为默认"按钮 | 单击该按钮,将当前线型设置保存为系统默认值供以后使用 |
| "使用默认值"按钮 | 单击该按钮,将事先保存的默认值应用到当前线型中 |
| 预览窗口 | 位于对话框右下角,用于显示当前设置的线型的效果 |

# 知识点9  给文字加底纹

在文字编辑状态选中文字,执行"文字"→"底纹与划线"命令,弹出图4-31所示对话框。

(1)单行底纹

在"底纹与划线"对话框中先选中"单行"单选按钮,然后再单击"边框和底纹"按钮,弹出"通字底纹"对话框,如图4-34所示。

选中"带通字底纹"复选框,"底纹类型"按钮可用。单击该按钮,弹出"底纹"对话框,如图4-35所示。

图4-34  通字底纹对话框

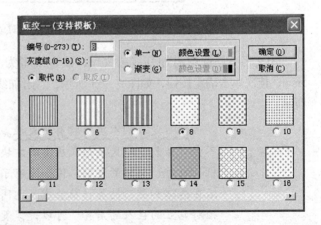

图4-35  底纹对话框

在该对话框中可选择底纹类型，并设置底纹的渐变方式和颜色。

这里设置单行底纹为带通字底纹，底纹颜色为 C100，底纹编号为 8，边框线是颜色为 M100 的单线，圆角矩形为 90°，拆行处封口，依次单击"确定"按钮，得到如图 4-36 所示效果。单行底纹对话框中的选项及意义如表 4-7 所示。

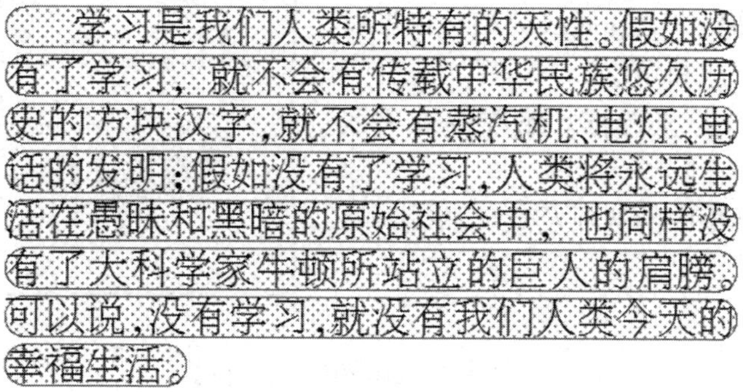

图 4-36　单行底纹效果

表 4-7　　　　　　　　　　　单行底纹对话框中的选项及意义

| 选项 | 意义 |
| --- | --- |
| "边框"选项区 | 用于设置文字边框的形状，有"矩形"和"圆角矩形"两个单选项可用。如果选中"圆角矩形"，还可以设置圆角的角度 |
| "边框线型"选项区 | 选中"空线"单选按钮，则边框为空；选中"单线"单选按钮，则边框为单线，在左侧的预览窗口中显示边框的效果。单击"边框颜色"按钮将弹出颜色对话框可供选择边框的颜色 |
| "拆行处封口"复选框 | 选中该复选框，则当所选文字换行时，换行处的边框闭合。拆行处不封口效果如图 4-37 所示 |
| "字边距离"选项区 | 在"上空"，"下空"，"左空"，"右空" 4 个文本框中设置文字与边框的距离。选中"边框相等"复选框，则系统自动设置边空相等 |

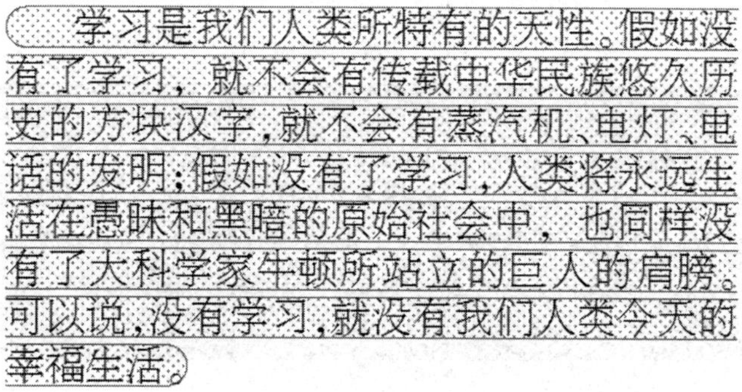

图 4-37　拆行处不封口效果

（2）多行底纹

在“底纹与划线”对话框中先选中“多行”单选按钮，然后再单击“多行底纹”按钮，弹出“底纹”对话框，如图 4 – 38 所示。

用户可在对话框中选择底纹类型，也可以设置底纹的渐变方式和颜色。

选中“加底纹”复选框，轮廓线选项区可用。

多行底纹对话框中的选项及意义如表4 – 8 所示。

多行底纹
底纹
加底纹(A)
底纹(S)
轮廓线
加轮廓线(G)
线的颜色(L)
字边距离
1上空：0.000
2下空：0.000
3左空：0.000
4右空：0.000
边空相等(X)
首对齐(F)
尾对齐(E)
预显
U单位：毫米
确定(O)
取消(C)

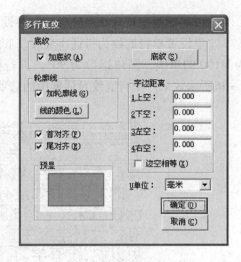

图 4 – 38　多行底纹对话框

**表 4 – 8　　多行底纹对话框中的选项及意义**

| 选项 | 意义 |
| --- | --- |
| “轮廓线”选项区 | 选中“加轮廓线”复选框可以为文本加整体轮廓线。单击“线的颜色”按钮将弹出颜色对话框可供选择轮廓线的颜色 |
| “字边距离”选项区 | 在“上空”，“下空”，“左空”，“右空”4 个文本框中设置文字与边框的距离。选中“边框相等”复选框，则系统自动设置边空相等 |
| “首对齐”和“尾对齐”复选框组 | 选中“首对齐”复选框，则轮廓线在多行文本开始处自动对齐；选中“尾对齐”复选框，则轮廓线在多行文本结尾处自动对齐 |

在多行文字加底纹时，选中“单行”，则每行文字都带有独立的边框或划线；选中“多行”，则只有整个文字块带有边框或划线。

如图 4 – 39 所示为多行底纹首尾对齐效果，其中底纹颜色为 C100，边框颜色为 M100。

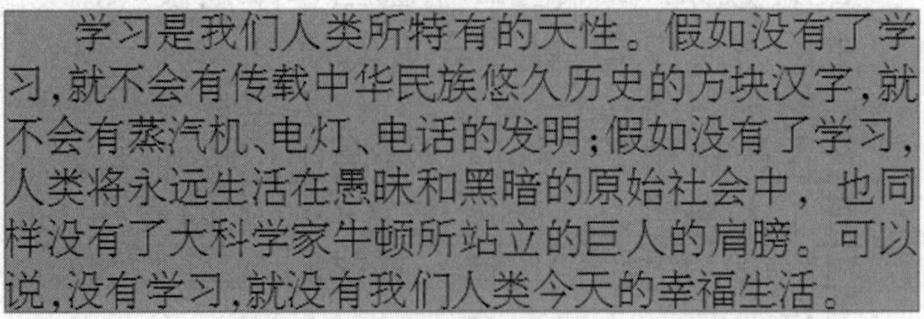

学习是我们人类所特有的天性。假如没有了学习，就不会有传载中华民族悠久历史的方块汉字，就不会有蒸汽机、电灯、电话的发明；假如没有了学习，人类将永远生活在愚昧和黑暗的原始社会中，也同样没有了大科学家牛顿所站立的巨人的肩膀。可以说，没有学习，就没有我们人类今天的幸福生活。

图 4 – 39　首尾对齐效果

## 知识点 10　装饰字

飞腾排版系统提供的装饰字主要是为文字添加不同形状，带有底纹或边框的装饰。先在文字编辑状态下选中文字，执行"文字"→"装饰字"命令，弹出"装饰字"对话框，如图4-40所示。

图4-40　装饰字对话框

在"装饰字"对话框中，"装饰形状"下拉列表框，用于选择装饰形状，飞腾排版系统提供了9种基本形状选择。"长宽比例"文本框，用于设置该装饰形状的长宽比例；"字边距离"文本框，用于设置文字与装饰形状的间距。

### 1. 设置线型效果

选中图4-40中的"线型"复选框，可以为装饰形状加线型效果。单击"线型"按钮，弹出"装饰字线型设置"对话框。

该对话框提供了6种装饰线型，使用"粗细"文本框可设置线型的粗细。单击"颜色"按钮，弹出颜色对话框可供选择线型的颜色。

图4-41所示为装饰字线型参数设置及其效果。

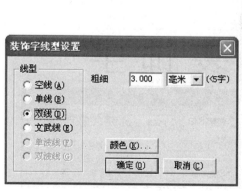
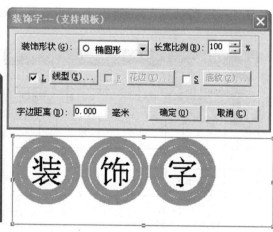

图4-41　设置线型效果

### 2. 设置花边效果

选中图4－40中"花边"复选框，可以为装饰形状添加花边效果，单击"花边"按钮，弹出"花边"对话框。

该对话框列出了100种（编号为0~99）可用的花边，用户可以在对话框下半部分的列表中选择，也可以在编号文本框中直接输入花边的编号。

"粗细"文本框，用于调节花边的粗细。选中"渐变"复选框，用于设置花边的渐变。单击"颜色"按钮，用于在弹出的颜色对话框中设置花边的颜色。

图4－42为装饰字花边参数设置及其效果。

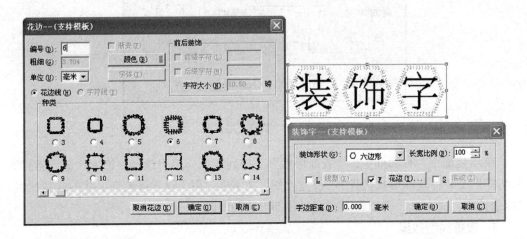

图4－42　设置花边效果

### 3. 设置底纹效果

选中图4－40中"底纹"复选框，用于为装饰形状添加底纹效果，单击"底纹"按钮，弹出 底纹 对话框，可以在该对话中选择所需底纹的编号（0~273），并设置底纹的渐变效果和颜色等属性。

图4－43所示为装饰字底纹参数设置及其效果。

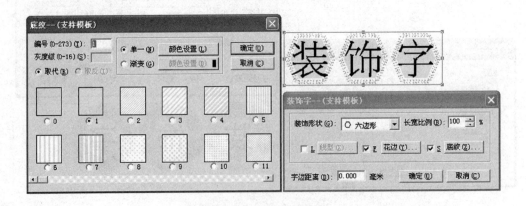

图4－43　设置底纹效果

## 知识点 11　长扁字

飞腾排版系统可以改变文字的高宽比列，从而实现长扁字的效果。

在文字编辑状态下选中文字，执行"文字"→"长扁字"命令，弹出子菜单，如图 4-44 所示。

"扁 1"，改变被选中文字的高度，使高宽比例为 10 : 9，"扁 2"～"扁 5"依此类推。

"按宽变方字"，执行该命令可将长扁字变为正常的方字。

"长 1"，改变被选中文字的宽度，使高宽比例为 9 : 10，"长 2"～"长 5"依此类推。

"按高变方字"，执行该命令可将长扁字变为正常的方字。

还可以执行"自定义长字"或"自定义扁字"命令来自行设置高宽的比例。

图 4-45 所示为长 5 和扁 5 的效果。

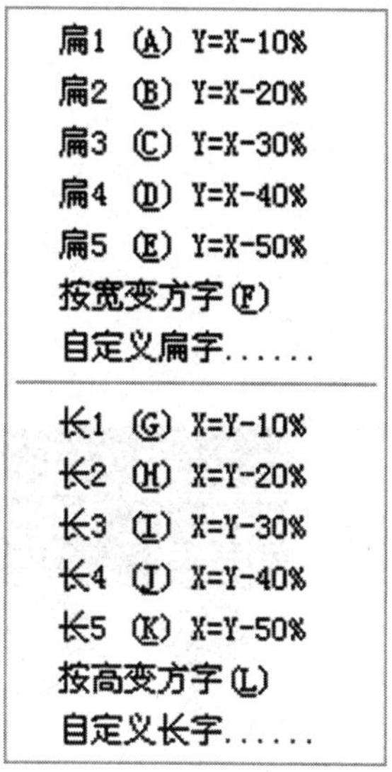

图 4-44　长扁字菜单

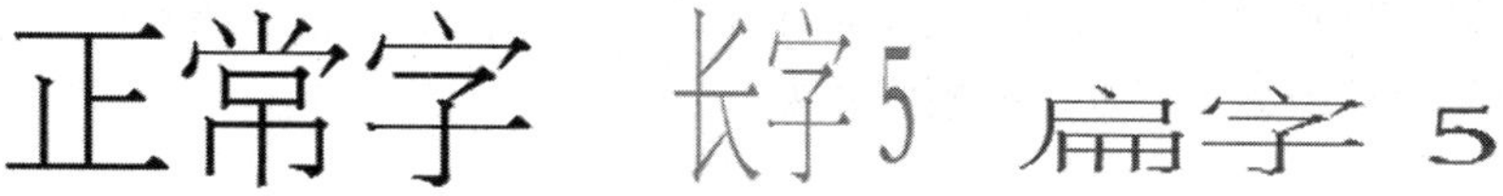

图 4-45　长扁字效果

## 知识点 12　着重点

在文字编辑状态下选中文字，执行"文字"→"着重点"命令，弹出子菜单如图 4-46 所示，选择着重点的种类即可，常见的着重点效果如图 4-47 所示。

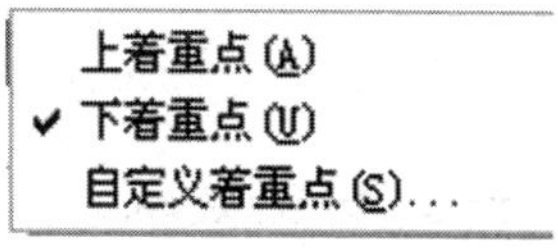

图 4-46　着重点

图 4-47　着重点效果

　　用户也可以自行设置着重点的外观等参数，只需在菜单中选择"自定义着重点"选项即可弹出如图 4-48 所示的"着重点"对话框及设置效果。

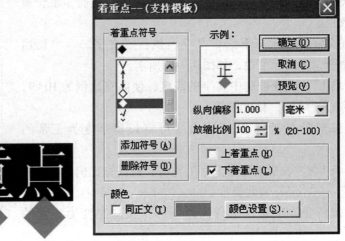

图 4-48　着重点设置效果

　　"着重点符号"下拉列表框中列出了着重点的各种形状，可通过"添加符号"或"删除符号"自行添加或删除着重点符号。

　　"纵向偏移"和"放缩比例"文本框用于设置着重点的偏移度和大小。

　　"示例"窗口中显示着重点的预览效果。

---

### ◉　独立实践任务　🔍

## 任务二　设计制作学习文摘报

### 一、任务要求

　　彩色印刷。成品尺寸要求宽 185mm，高 260mm。选择的图像要清晰，符合印刷要求。文字的字体、字号及颜色可以自己设计。

## 二、 任务参考效果图

### 关于快乐学习的句子

1、提起学习这个字眼，同学们是再认识不过了，在字典里学习的意思是：从阅读、听讲、研究、实践中获得知识或技能。其实这只是它的表面意思，但是一些同学却没有理解它的真正内涵。

2、在明亮的教室里，和要好的同学一起研究复杂的数学题，真的是一种莫大的享受。大家时而因不同的观点不断争执，时而各自埋头苦思，不时地小声交流思路，最后又因终于解出了一道大家眼中的难题而欢呼不已，那种兴奋劲儿不是只用语言就能形容出的。虽然解题的过程很艰辛，但是因为靠大家共同思考出的正确结果，就是对参与解题的每个人的最佳奖励。

3、生活让人快乐，学习让人更快乐。学习中有许许多多的快乐，如果你觉得不是，那就是你平时一定没有认真学习，认真学习的话，你会发现学习中蕴涵着无穷的快乐。

4、快乐无处不在，其实，小兔子已经寻找到了属于自己的快乐，可是当她要与这份快乐告别的时候，快乐又离她而去。快乐的时光永远会留在记忆里，只要去回忆，去享受，去珍惜，快乐由自己操控。

 文摘报

### 学习才能优化生命

世上有件事最难做，最不容易做好，它不但需要人付出极大的努力和代价，甚至必须使全身心的力量及奉献整个生命去完成，这件事就是学习。人要学习的东西实在太多太多，文化要学，做事要学，做人更要学，生活中360行各种各样大情小事非学不可，成人前要学，成人后要学，到了青壮年要学，中老年来也还得学，真可谓"学无止境"，"学海无涯"。人一来到这个世界第一天起就须从由简入繁地开始学，一直学到老都有学不完的东西，所以人们常说"活到老，学到老，学不了"，所以，学习成了人生最重要也最繁琐繁重，最具意义又最难完成但又不得不做的求生大事，也是最能挖掘人的生命潜力，最能发挥人的聪明才智，最能体现人的生存价值，最能让生命尽量收获希望和幸福，宁可穷其一生之力而不可不做的光彩人生的头等大事。

模块 5　　**设计制作插图**

◉　模拟制作任务　　🔍

任务一　设计制作卡通画

一、任务效果图

## 二、 任务要求

彩色印刷。成品尺寸要求宽200mm，高180mm。

## 三、 任务详解

☞**步骤01**：启动方正飞腾后，执行"文件"→"新建"命令，弹出图5-1所示的"版面设置"对话框，在该对话框中设置宽度为200mm，高度为180mm。

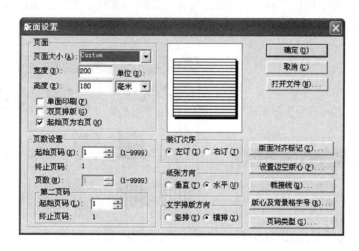

图5-1 版面设置

☞**步骤02**：单击"设置边空版心"按钮，弹出"设置边空版心"对话框，将上、下页边空设置为0mm，左、右页边空设为0mm。

☞**步骤03**：依次击"确定"按钮，得到图5-2所示的新建文件。执行"显示"→"背景格"命令可去掉和添加背景格。

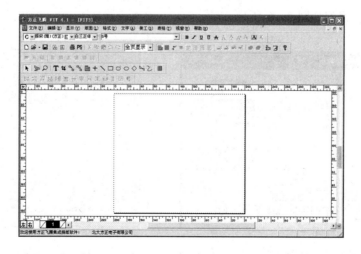

图5-2 新建文件

☞**步骤 04**：单击"文件"→"设置选项"→"长度单位"命令，弹出"长度单位"对话框，将"坐标单位"、"TAB 键单位"、"字距单位"、"行距单位"均设置为毫米，单击"确定"按钮。

☞**步骤 05**：选择工具箱中的矩形工具，单击页面，在弹出的图 5-3"默认块大小"对话框中设置"块宽"设置为 200mm，"块高"设置为 180mm，单击"确定"按钮。

☞**步骤 06**：单击"版面"→"块参数"，或单击"F7"键，弹出"块参数"对话框，将"横坐标"和"纵坐标"定为 0mm，单击"确定"按钮。

☞**步骤 07**：选中矩形，执行"美工"→"空线"命令，将矩形边框设置为空线。

☞**步骤 08**：选中矩形，执行"美工"→"底纹"命令，弹出如图 5-4 所示。

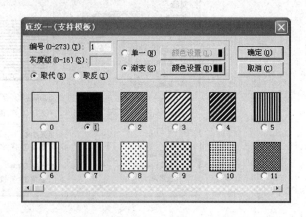

图 5-3　默认块大小　　　　　　　　　　　图 5-4　底纹

☞**步骤 09**：在"底纹"对话框中，选择单选按钮"渐变"和底纹类型单选按钮"1"，单击"渐变颜色"按钮弹出如图 5-5 所示对话框。

☞**步骤 10**：在"渐变颜色"对话框中，"渐变类型"设为"双线性渐变"，"角度"设为 90°，"起始颜色"设为 C100M0Y0K0，"终止颜色"设为 C0M0Y0K0，依次单击"确定"按钮，得到如图 5-6 所示。

图 5-5　渐变颜色设置　　　　　　　　　　图 5-6　制作过程

☞**步骤 11**：击"F3"键，将已做好的图锁定。

☞**步骤 12**：下面绘制鱼图形。选中椭圆工具，在页面上单击，在块参数对话框中设置块宽 60mm，块高 58mm，单击"确定"按钮。

☞**步骤 13**：选中椭圆，单击"美工"→"底纹"命令，给椭圆填充"起始颜色"为黄色（C0M0Y100K0）、"终止颜色"为橙色（C0M55Y100K0）的圆形渐变，如图 5 – 7 所示。

☞**步骤 14**：下面制作鱼眼。利用椭圆工具绘制一个规格为 22mm × 24mm 的椭圆，设置底纹颜色为白色，边框线颜色为黑色；在该椭圆上绘制一个规格为 7.5mm × 8mm 的椭圆，设置底纹颜色为黑色。选中两椭圆，击"F4"键，将其合并。

☞**步骤 15**：将制作好的鱼眼复制一个，并放在合适的位置，如图 5 – 8 所示。

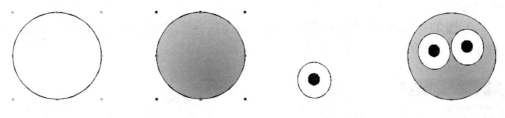

图 5 – 7　圆形渐变　　　　　　　　　　　　　图 5 – 8　绘制鱼眼

☞**步骤 16**：下面绘制鱼嘴。利用椭圆工具绘制一个规格为 13mm × 17mm 的椭圆，设置底纹颜色为红色（C0M100Y100K0），边框色为黑色；然后在椭圆上绘制一个规格为 5.5mm × 4mm 的椭圆，设置底纹颜色为无色，边框颜色为黑色，边框宽度为 1.5mm，如图 5 – 9（a）所示。

☞**步骤 17**：选中两椭圆，击"F4"键，将其合并，然后击"F7"键，在弹出的块参数对话框中将旋转度设为 6，并将其放在合适的位置处，如图 5 – 9（b）所示。

☞**步骤 18**：下面绘制背鳍。利用椭圆工具绘制一个规格为 16mm × 20mm 的椭圆，设置底纹颜色为红色（C0M100Y100K0），边框色为黑色，然后在椭圆上绘制一个规格为 1.5mm × 10mm 的椭圆，设置底纹色为黑色，如图 5 – 10（a）所示。

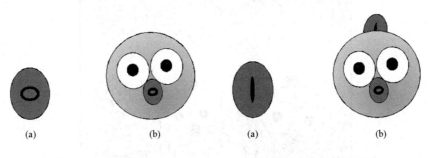

　　　　(a)　　　　　　　　(b)　　　　　　　　(a)　　　　　　　　(b)

图 5 – 9　绘制鱼嘴　　　　　　　　　　　　图 5 – 10　绘制背鳍

☞**步骤 19**：同时选中两椭圆，击"F4"键，将其合并，接着执行"版面"→"层次"→"到后面"命令，将其移到合适位置；击"F7"键，设置旋转度为 – 10，单击"确定"按钮，如图 5 – 10（b）所示。

☞**步骤 20**：下面绘制腹鳍。复制背鳍图形，单击"Shift + F4"键，将其块分离；选中大椭圆，将底纹颜色重新设置为青色（C50M0Y10K0），然后同时选中两个椭圆，按 F4 键将其合并，放在合适位置，如图 5 – 11（b）所示。

☞**步骤 21**：选中腹鳍，执行"视窗"→"镜像窗口"命令，在弹出的对话框中，"镜像产生方式"选择"拷贝生成"，"块产生基准方式"选择"右边线"，如图 5 – 11（a）所示。

☞**步骤 22**：单击"镜像"按钮，水平复制腹鳍，然后移至合适位置。如图 5 – 12（a）所示。

☞**步骤 23**：同时选中两个腹鳍，执行"版面"→"层次"→"到后面"命令，将其移至下层，如图 5 – 12（b）所示。

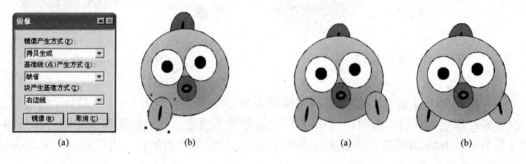

| (a) | (b) | (a) | (b) |

图 5 – 11　绘制腹鳍                图 5 – 12　绘制过程

☞**步骤 24**：选中整个鱼图形，单击"F4"键，将其合并。

☞**步骤 25**：复制两个鱼图形，适当改变大小，镜像后放在合适的位置，如图 5 – 13 所示。

图 5 – 13　复制鱼图形

☞**步骤26**：利用椭圆工具做两个大小不等的小椭圆，将边框线设为空线，底纹色设为从兰到白的圆形渐变色，各复制10个，放在合适的位置处。

至此，卡通画设计完毕。

◉ **知识点拓展** 🔍

## 知识点1　绘制直线

使用如图5–14快捷工具栏的"画线"工具＼，能绘制任意直线段，并支持水平，垂直及45°的线段，如图5–14所示。

图5–14　快捷工具栏

选择快捷键工具栏中的"画线"工具＼，在此光标变成"＋"。在页面中单击鼠标并拖动，则可绘制一条直线。

在绘制直线时，如果按住Shift键在水平、垂直或斜角方向上拖动鼠标，则可绘制水平、垂直或倾角为45°的线段，如图5–15所示。

图5–15　绘制水平、垂直和45°线段

## 知识点2　绘制矩形

（1）绘制一般矩形

选择快捷工具栏中的"画矩形"工具□，此时光标变成＋。在页面中单击鼠标作为矩形的一个顶点，拖动鼠标到合适的位置处释放，即可绘制一个矩形。

在绘制矩形时，按住Shift键则可绘制一个正方形，如图5–16（c）所示。

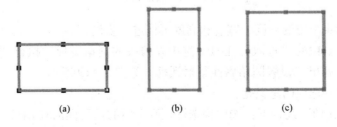

(a)　　　　　(b)　　　　　(c)

图5–16　绘制矩形

（2）绘制隐边矩形

选择快捷键工具栏中的"选取"工具，选中要进行隐边操作的矩形，执行"美工"→"隐边矩形"命令，弹出"隐边矩形"对话框，如图 5-17 所示。

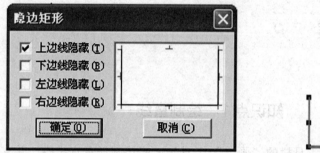

图 5-17　隐边矩形对话框

在对话框中选中要隐藏的边线所对应的复选框时，在右侧的预览窗口中将自动显示矩形隐边后的效果，单击"确定"按钮即可完成隐边。

### 知识点 3　绘制圆角矩形

按住快捷工具栏中的"画圆角矩形"工具 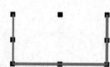，弹出子工具栏。

选中工具栏第一个选项，可以绘制外角圆角矩形；选中工具栏第二个选项，可以绘制内角圆角矩形。

在页面中单击鼠标，作为圆角矩形的一个顶点，拖动鼠标到合适的位置处释放，即可绘制一个圆角矩形。

在绘制圆角矩形时，按住 Shift 键则可绘制一个圆角正方形。

如图 5-18 所示各种圆角矩形。

图 5-18　圆角矩形

圆角矩形的 4 个角的角度、宽度和高度可作进一步设置。

选择快捷工具栏的"选取"工具，选中要修改的圆角矩形，执行"美工"→"圆角矩形"命令，弹出"设置圆角属性"对话框，如图 5-19 所示。

该对话框中各选项的意义是：

（1）"四角连动"复选框：选中该选框，则下面的设置同时应用于圆角矩形的 4 个角。取消选中该复选框，则下面的四个角对应的编辑选项区均可用。

（2）选中"宽高相等"复选框，则角在水平和垂直方向上的长度相等。使用的百分比单位表示角的长度占所在边长的比例。

单击预览窗口中圆角矩形的任意角，该角将在内角和外角两种方式间切换。

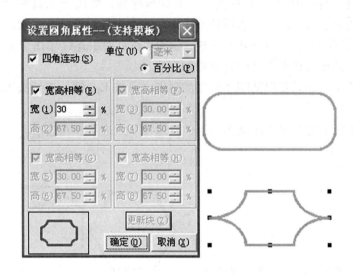

图 5 - 19　设置圆角属性

## 知识点 4　绘制椭圆

使用椭圆工具◯，能绘制任意大小的椭圆和圆形，如图 5 - 20 所示。

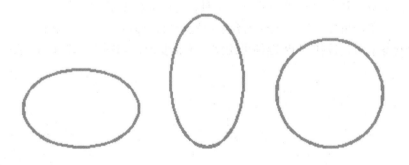

图 5 - 20　绘制椭圆

选择快捷工具栏中的"画圆形"工具◯，此时光标变成"＋"。

在页面中单击鼠标，拖动鼠标找到合适位置释放，即可绘制一个椭圆。

在绘制椭圆时，按住 Shift 键则可绘制一个正圆。

## 知识点5 绘制多边形

使用多边形工具，可绘制任意多边形或折线。

按住快捷键工具栏中的"画多边形"工具 📐 片刻，弹出子工具栏 📐△◇◯ ，可分别绘制任意多边形、五边形、六边形和八边形。选中工具栏第一个选项，在按通过绘制顶点的方法绘制任意多边形时，光标变成"＋"。在页面中连续单击鼠标，可逐一定义多边形的顶点，系统将在顶点之间自动添加直线。

在绘制过程中，如果要取消刚才绘制的顶点，可按 Esc 键，连续按 Esc 键可逐一取消所有顶点。

如图 5 – 21 所示为绘制的任意多边形、五边形、六边形和八边形。

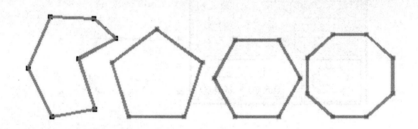

图 5 – 21 绘制多边形

## 知识点6 绘制菱形

使用菱形工具，能绘制任意大小的菱形。

选择快捷键工具栏中的"画菱形"工具，此时光标变成"＋"。

在页面中单击鼠标，拖动鼠标到合适位置释放，即可绘制一个菱形。

在绘制菱形时，按住 Shift 键则可绘制一个正菱形，如图 5 – 22 （c）所示。

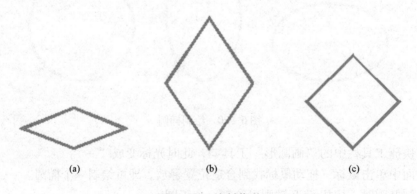

(a)  (b)  (c)

图 5 – 22 绘制菱形

## 知识点 7   贝塞尔曲线

使用贝塞尔曲线工具，可以绘制包含多个结点的闭合或开放的贝塞尔曲线。

（1）绘制贝塞尔曲线

选择快捷工具栏中的"画贝塞尔曲线"工具 ⟋，此时光标变成"＋"。

在页面中单击鼠标，确定曲线的起点，在页面中连续单击鼠标确定后续结点。

在绘制曲线时，按住 Shift 键则不对结点进行平滑处理。

双击鼠标左键，将结束绘制，并将双击点作为曲线的终点。如果在起点上再次双击鼠标则将生成闭合的贝塞尔曲线。在绘制过程中，如果要取消刚才绘制的顶点，可按 Esc 键，连续按 Esc 键可逐一取消所有顶点。

如图 5 – 23 所示为绘制的贝塞尔曲线。

（2）修改贝塞尔曲线

选择快捷工具栏中的"选取"工具，选中已绘制的贝塞尔曲线，在每个结点处都将显示该结点的控制点。

拖动结点的控制点并移动，可改变结点的位置从而改变曲线的形状。

拖动结点切线的控制点移动，可改变结点对应的切线的斜率。

双击结点控制点或曲线的任意位置，弹出"结点属性"菜单，如图 5 – 24 所示。"结点属性"菜单中的选项及意义如表 5 – 1 所示。

图 5 – 23   绘制贝塞尔曲线      图 5 – 24   "结点属性"菜单

表 5 – 1           "结点属性"菜单中的选项及意义

| 选项 | 意义 | 选项 | 意义 |
|---|---|---|---|
| 增加 | 在双击位置增加一个结点 | 变直 | 设置当前线段为直线 |
| 删除 | 删除当前结点 | 变曲 | 设置当前线段为曲线 |
| 光滑 | 使当前结点两侧的切向量共线，并对二者进行统一调整 | 断开 | 在双击位置断开曲线 |
| | | 闭合 | 使当前曲线成为闭合曲线 |
| 尖锐 | 分别调整当前结点两侧的切向量 | 比例 | 使当前结点两侧的切向量反向且保持长度比例 |
| 对称 | 使当前结点两侧的切向量呈对称分布 | | |

## 知识点8  矩形的分割与合并

（1）矩形的分割

选中矩形，执行"美工"→"矩形变换"→"矩形分割"命令，弹出"矩形分割"对话框，在对话框中可设置矩形横向和纵向分割的份数，以及分割后小矩形的间隔。矩形分割参数设置及其效果如图 5–25 所示。

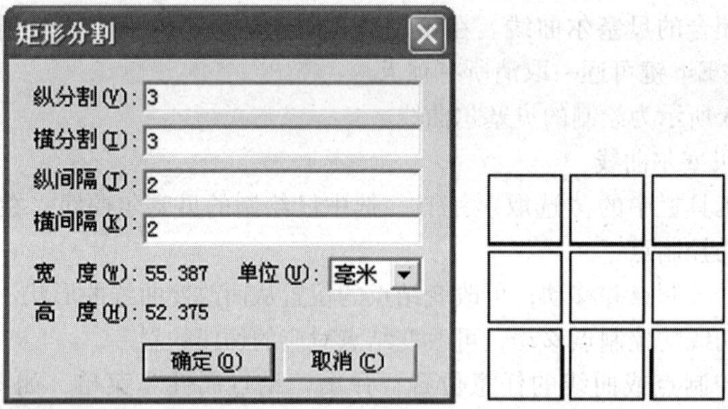

图 5–25  矩形分割

（2）矩形的合并

选择快捷工具栏中"选取"工具，按住 Shift 键连续单击选中多个矩形，执行"美工"→"矩形变换"→"矩形合并"命令，将自动生成一个包含所有矩形的最小矩形，并删除原有的小矩形。

## 知识点9  线型设置

默认情况下，在飞腾中绘制的线段、曲线、矩形、圆角矩形、菱形、椭圆形和多边形线的线型都是单线，宽度为 0.1mm。

线型的设置方法有三种：通过"线型"对话框设置线型、通过菜单命令设置线型、通过花边底纹窗口设置线型。

这里介绍通过"线型"对话框设置线型。选中需设置线型的对象，执行"美工"→"线型"命令，弹出"线型"对话框，如图 5–26 所示。线型对话框中的选项及意义如表 5–2 所示。

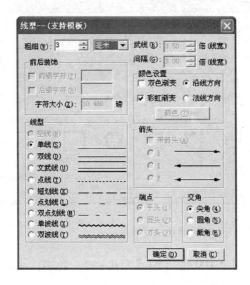

图 5 – 26　线型对话框及相应效果

表 5 – 2　　　　　　　　　　　　　线型对话框中的选项及意义

| 选项 | 意义 |
| --- | --- |
| "粗细"文本框 | 用于设置线的粗细 |
| "前后装饰"选项区 | 用于在非封闭图形（如贝塞尔曲线）的两端点添加字符并可设置字符的大小 |
| "线型"选项区 | 用于设置轮廓线的线型，有 10 种线型可供选择 |
| "武线"和"间隔"文本框 | 当在"线型"选项区中选中"文武线"选项时才可用，可以在其中分别设置武线的粗细和文武两线间的距离 |
| "颜色设置"选项区 | 单击"颜色"按钮，可设置线的颜色。如果选中"线渐变"复选框后，单击"颜色"按钮，将弹出"渐变设置"对话框，可设置线的渐变颜色 |
| "箭头"选项区 | 选中"带箭头"复选框后，可在下面的箭头类型列表中选择箭头的类型 |
| "端点"选择区 | 可在"平头""方头""圆头"3 种方式中选择一种线的端点的形状 |
| "交角"选项区 | 可在"尖角""圆角""截角"3 种方式中选择一种图形交角形状 |

# 知识点 10　花边的设置

飞腾排版系统自带了 102 种花边效果可供使用，花边效果只能应用于不包含弧线的图形中。

花边的设置方法有：通过"花边"对话框设置花边、通过花边底纹窗口设置花边。

这里介绍通过"花边"对话框设置花边。选中需设置花边的对象，执行"美工"→"花边"命令，弹出"花边"对话框，如图 5 – 27 所示。

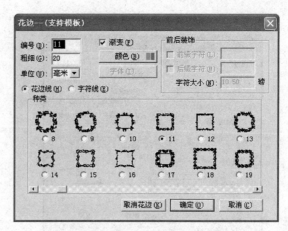

图 5 - 27   花边对话框及相应效果

选中"花边线"单选按钮，下方列出 100 种（编号为 0 ~ 99）花边，用户可以在对话框下半部分的列表中选择，也可以在"编号"文本框中直接输入花边的编号。

在"粗细"文本框中可以调节花边的粗细。

选中"渐变"复选框，可以设置花边的渐变。

单击"颜色"按钮，可以在弹出的颜色对话框中设置花边的颜色。

"前后装饰"选项区，可向非封闭图形（如贝塞尔曲线）的两个端点添加字符，并可设置字符的大小，如图 5 - 28 所示。

图 5 - 28   前后装饰及相应效果

选中"字符线"单选按钮，可在"字符大小"文本框中输入字符，系统自动将该字符作为花边的组成部分，如图 5 - 29 所示。

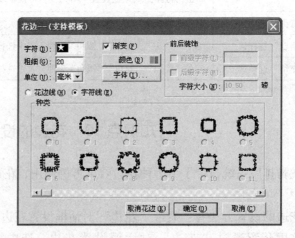

图 5 - 29   字符花边设置及相应效果

## 知识点 11　底纹的设置

底纹的设置方法有：通过"底纹"对话框设置底纹、通过花边底纹窗口设置底纹。

这里介绍通过"底纹"对话框设置底纹。选中需设置底纹的对象，执行"美工"→"底纹"命令，弹出"底纹"对话框，如图 5 – 30 所示。

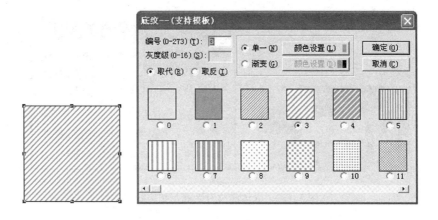

图 5 – 30　底纹对话框及相应效果

对话框中列出所有可用的底纹，可以在对话框下半部分的列表中选择，也可以在"编号"文本框中直接输入底纹的编号。

"灰度级"文本框可以调节底纹的灰度。

选中"单一"单选按钮，单击"颜色设置"按钮，可以打开颜色对话框，设置底纹的颜色。

选中"渐变"单选按钮，单击"颜色设置"按钮，可以打开颜色对话框，设置底纹的渐变。

选择"取代"单选按钮，则底纹颜色遮住位于下层的块。

选中"取反"单选按钮，则被底纹颜色遮住的位于下层的块以取反的方式显示。

如图 5 – 31 为取代与取反效果。

并不是对每种底纹都可以进行以上的全部设置操作，不同底纹的可调整选项数量可能不同。

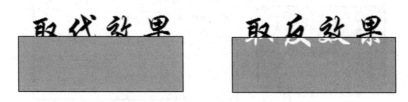

图 5 – 31　取代与取反效果

## 知识点 12　立体底纹的设置

飞腾排版系统中的立体底纹包含平行和透视两种，可以对包含图形在内的多种对象进行立体底纹的设置，其中以图形的立体底纹效果最为常见。

使用"选取"工具选中图形，执行"美工"→"立体底纹"命令，弹出"立体底纹"对话框，如图 5 - 32 所示。立体底纹对话框中的选项及意义如表 5 - 3 所示。

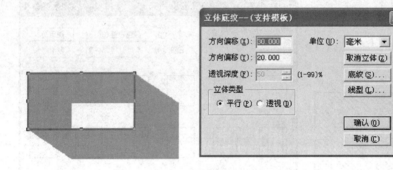

图 5 - 32　立体底纹对话框及相应效果

表 5 - 3　　　　　　　　　　立体底纹对话框中的选项及意义

| 选项 | 意义 |
| --- | --- |
| "方向偏移（X）"和"方向偏移（Y）"文本框 | 指平移或透视后图形中心相对于原中心的偏移距离 |
| "透视深度"文本框 | 设置立体底纹透视效果的深度，用底纹面积占全部面积的百分比表示 |
| "立体类型"选项区 | 选择立体类型，有"平行"和"透视"两个单选按钮可选 |
| "取消"按钮 | 取消已有的立体底纹效果 |
| "底纹"按钮 | 单击该按钮，弹出底纹对话框，选择底纹的基本效果 |
| "线型"按钮 | 单击该按钮，弹出线型对话框，选择线型的基本效果 |

如图 5 - 33 所示为立体透视底纹参数设置及其效果。

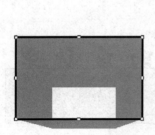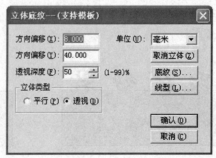

图 5 - 33　立体透视底纹设置及相应效果

## 知识点 13　裁剪路径

　　封闭的图形和文字块可以作为裁剪路径，对图像或图形进行裁剪操作，具体操作步骤如下：

　　步骤 1：使用"选取"工具选中要定义为裁剪路径的对象，执行"美工"→"路径属性"→"裁剪路径"命令。

　　步骤 2：将作为裁剪路径的对象和要裁剪的对象重叠放置，并连续选中这些对象，执行"版面"→"块合并"命令，如图 5 – 34 所示。

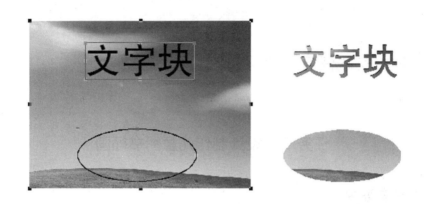

图 5 – 34　裁剪路径效果

　　对于裁剪后的块，还可以使用快捷工具栏中的"图像裁剪"工具 🔲 进行修改。

　　选择"图像裁剪"工具 🔲，选中裁剪区域，在裁剪区域中拖动图像，至理想位置释放即可。

## 知识点 14　平面透视的设置

　　利用"平面透视"功能可将文字（要转换成曲线）及图形实现一种平面透视的美术效果，即让图形或文字看起来有一种由近及远的感觉。

　　下面以文字"方正飞腾"为例，简述一下平面透视的操作方法。

　　步骤 1：输入文字"方正飞腾"，选中文字块，执行"美工"→"转为曲线"命令，将文字转为曲线。

　　步骤 2：执行"美工"→"平面透视"→"编辑透视"命令，生成一个透视外包框。

　　步骤 3：将光标移到某个控制点时，光标变为手形，此时拖动控制点到合适位置即可。

　　如图 5 – 35 所示。

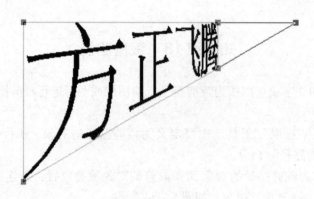

图 5 - 35　平面透视效果

**独立实践任务** 🔍

## 任务二　设计制作儿童图书插画

### 一、任务要求

彩色印刷。成品尺寸要求宽 180mm，高 180mm。文字的字体、字号及颜色可以自己设计。

### 二、任务参考效果图

# 模块 6　设计制作图册

模拟制作任务 🔍

## 任务一　设计制作 《蝴蝶》 写真集

### 一、任务效果图

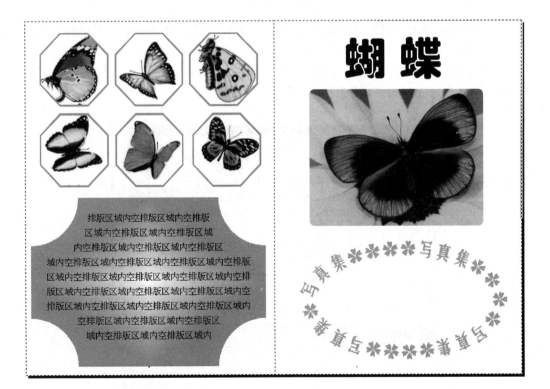

## 二、 任务要求

彩色印刷。成品尺寸要求宽 185mm，高 260mm。

## 三、 任务详解

☞**步骤 01**：启动方正飞腾后，执行"文件"→"新建"命令，弹出图 6-1 所示的 "版面设置"对话框，在该对话框中设置宽度为 185mm，高度为 260mm。

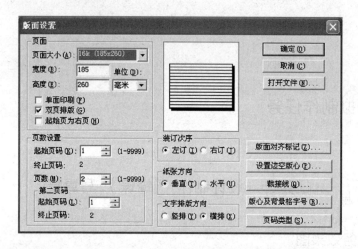

图 6-1  版面设置

☞**步骤 02**：单击"设置边空版心"按钮，弹出"设置边空版心"对话框，将上、下页边空设置为 0mm，左、右页边空设为 0mm。

☞**步骤 03**：依次击"确定"按钮，得到图 6-2 所示的新建文件。执行"显示"→"背景格"命令可去掉和添加背景格。

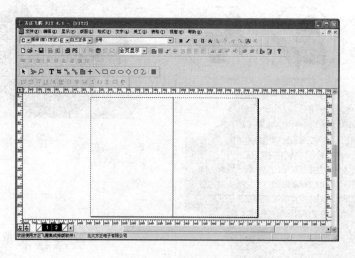

图 6-2  新建文件

☞**步骤 04**：单击"文件"→"设置选项"→"长度单位"命令，弹出"长度单位"对话框，将"坐标单位""TAB 键单位""字距单位""行距单位"均设置为毫米，单击"确定"按钮。

☞**步骤 05**：用鼠标左键按住多边形工具不动，在弹出的多边形工具中选择八边形，在页面上单击，在弹出的"默认块大小"对话框中，设置宽度、高度均为 60mm，单击"确定"按钮，弹出如图 6 - 3 所示。

图 6 - 3　默认块大小

☞**步骤 06**：选中八角形，执行"美工"→"线型"命令，在弹出的"线型"对话框中，设置线粗为 1mm，单击"颜色"按钮，设置线的颜色为 C100M0Y0K0，单击"确定"按钮，如图 6 - 4 所示。

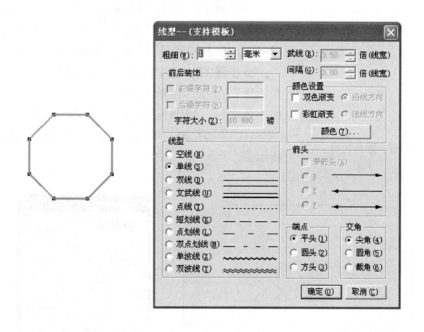

图 6 - 4　线型对话框

☞**步骤 07**：选中八角形，执行"美工"→"路径属性"→"裁剪路径"命令，将八角形设置为裁剪路径。

☞**步骤 08**：导入一张图片，用旋转变倍工具调整其大小，并右击图片，在弹出的右键菜单中选择"精细显示"。

☞**步骤 09**：选中八角形，执行"版面"→"层次"→"到前面"命令，将八角形放在图片上合适位置，同时将二者选中，执行"版面"→"块合并"命令，或单击"F4"键，将二者合并，如图 6-5 所示。

☞**步骤 10**：用同样的方法，再做五张裁剪图片，利用块对齐工具使它们底齐，如图 6-6 所示。

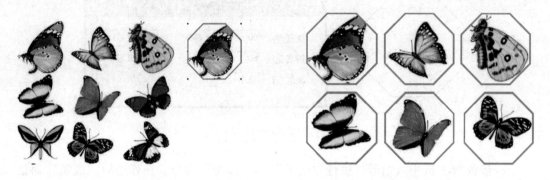

图 6-5　裁剪路径　　　　　　　　　　图 6-6　排列图片

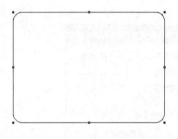

图 6-7　圆角矩形

☞**步骤 11**：选中圆角矩形工具，在页面上单击，在弹出的块参数对话框中设置宽度 174mm，高度 124mm，单击"确定"按钮，如图 6-7 所示。

☞**步骤 12**：选中圆角矩形，执行"美工"→"圆角矩形"命令，在弹出的对话框中单击左下角图形中的四角之一，使圆角矩形由外圆角变为内圆角，设置"宽（1）"为 20，单击"确定"按钮，如图 6-8 所示。

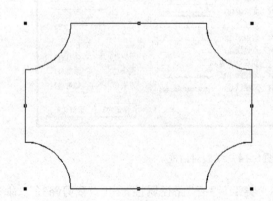

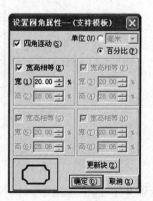

图 6-8　圆角矩形对话框

☞**步骤 13**：选中圆角矩形，执行"美工"→"底纹"命令，弹出如图 6 - 9 底纹对话框。在对话框中设置底纹类型为 1，底纹颜色为渐变，渐变类型为菱形渐变，渐变起始颜色为 C100M0Y0K0，渐变终止颜色为白色。

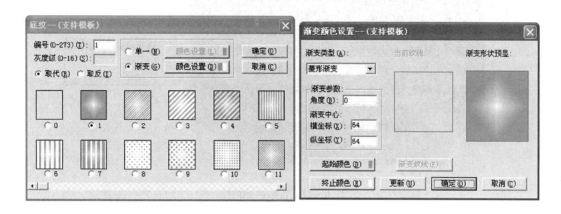

图 6 - 9　底纹对话框

☞**步骤 14**：单击"确定"按钮，接着执行"美工"→"空线"命令，得到如图 6 - 10（b）所示。

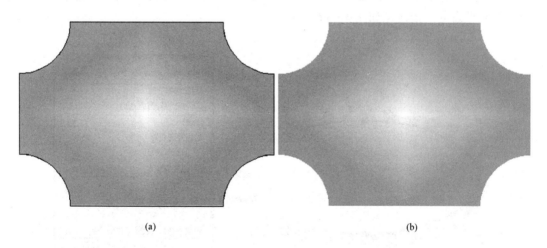

(a)　　　　　　　　　　　　　　　　　(b)

图 6 - 10　菱形渐变

☞**步骤 15**：选中圆角矩形，执行"美工"→"路径属性"→"排版区域"命令，将圆角矩形变为排版区域。

☞**步骤 16**：选中文字工具，在排版区域内单击，选择合适的字体号输入文字。这里选择 1 号方正姚体。

☞**步骤 17**：选中圆角矩形，执行"美工"→"路径属性"→"排版区域内空"命令，在弹出的对话框中将"区域内空"设置为 5mm，单击"确定"按钮，如图 6 - 11 所示。

图 6 - 11　排版区域内空

☞**步骤 18**：用椭圆工具绘制一椭圆，用文字工具输入文字，同时将二者选中，执行"视窗"→"沿线排版窗口"命令。

☞**步骤 19**：在弹出的对话框中，设置文字的排版方式为"撑满"，单击"设起点"按钮，在椭圆的左端点外侧处单击，单击"设终点"按钮，在椭圆的左端点内侧处单击，单击"确定"按钮，如图 6 - 12 所示。

图 6 - 12　沿线排版

☞**步骤 20**：将椭圆与文字分开并删除椭圆，用文字工具输入 96pt 方正琥珀字"孙俪"，导入图片，并放在合适的位置处。

至此，设计完毕。

## 知识点拓展

### 知识点 1　矢量图与位图

矢量图，也称为面向对象的图像或绘图图像。矢量文件中的图形元素称为对象。每个对象都是一个自成一体的实体，它具有颜色、形状、轮廓、大小和屏幕位置等属性。

矢量图是根据几何特性来绘制图形，矢量可以是一个点或一条线，矢量图只能靠软件生成，文件占用内在空间较小，因为这种类型的图像文件包含独立的分离图像，可以自由无限制的重新组合。它的特点是放大后图像不会失真，和分辨率无关，适用于图形设计、文字设计和一些标志设计、版式设计等。

矢量图使用直线和曲线来描述图形，这些图形的元素是一些点、线、矩形、多边形、圆和弧线等，它们都是通过数学公式计算获得的。例如一幅花的矢量图形实际上是由线段形成外框轮廓，由外框的颜色以及外框所封闭的颜色决定花显示出的颜色。

矢量图常用软件有 CorelDraw 、Illustrator、Freehand、CAD 等。

位图，也称为点阵图像或绘制图像，是由称作像素（图片元素）的单个点组成的。这些点可以进行不同的排列和染色以构成图样。当放大位图时，可以看见构成整个图像的无数单个方块。扩大位图尺寸的效果是增大单个像素，从而使线条和形状显得参差不齐。然而，如果从稍远的位置观看它，位图图像的颜色和形状又显得是连续的。

常用的位图处理软件是 Photoshop。

位图与矢量图比较如表 6 - 1 所示。

表 6 - 1　　　　　　　　　　　　位图与矢量图比较

| 图像类型 | 组成 | 优点 | 缺点 | 常用制作工具 |
| --- | --- | --- | --- | --- |
| 点阵图像 | 像素 | 只要有足够多的不同色彩的像素，就可以制作出色彩丰富的图像，逼真地表现自然界的景象 | 缩放和旋转容易失真，同时文件容量较大 | Photoshop、画图等 |
| 矢量图像 | 数学向量 | 文件容量较小，在进行放大、缩小或旋转等操作时图像不会失真 | 不宜制作色彩变化太多的图像 | Flash、CorelDraw 等 |

### 知识点 2　图像格式简介

飞腾排版系统支持矢量图像文件和位图图像文件的排版。

现将飞腾排版系统支持的图像文件的格式介绍如下。

①BMP 格式：BMP 是英文 Bitmap（位图）的简写，它是 Windows 操作系统中的标准图像文件格式，扩展名为 . bmp，能够被多种 Windows 应用程序所支持。该格式支持 1 ~ 24 位颜色深度，支持 RGB、CMYK、灰度、位图等格式。这种格式的特点是包含信息较丰富，几乎不进行压缩，它的缺点是占用磁盘空间过大。

②JPEG 格式：也是常见的一种图像格式，它由联合照片专家组（Joint Photographic Experts Group）开发，JPEG 仅仅是一种俗称而已。JPEG 文件的扩展名为 . jpg 或 . jpeg，其压缩技术十分先进，它用有损压缩方式去除冗余彩色数据，获取极高的压缩率的同时能保留文件的效果，在 Photoshop 中，其压缩率可达 15：1。它的应用也非常广泛，JPEG 支持 RGB、CMYK 和灰度模式，但不支持 Alpha 通道。由于 JPEG 格式的显示效果会随分辨率的提高而明显下降，因此用户在排版过程中排入 JPEG 图像前要事先确定该图像的分辨率。

③TIFF 格式：TIFF（Tag Image File Format）标志图像文件格式，是 Mac 中广泛使用的图像格式。它由 Aldus 和微软联合开发，最初是出于跨平台存储扫描图像的需要而设计的。它的特点是能多平台应用，是一种开放的数据结构，描述能力是其他图像格式的总和，存储图像细微层次的信息多，图像的质量高，故而非常有利于原稿的复制。该格式有压缩和非压缩两种形式，其中压缩可采用 LZW 无损压缩方案存储。它支持单色到 48 位真彩色、灰度图、索引色图等。建议用户在飞腾排版系统中排入和处理的图像采用此种格式。对于其他格式的图像文件，建议使用第三方软件首先将图像转换为 TIFF 格式，再排入飞腾排版系统的页面中。

④GIF 格式：GIF 是英文 Graphics Interchange Format（图形交换格式）的缩写，是美国一家著名的在线信息服务机构 CompuServe 针对网络传输带宽的限制，开发出的网络图像格式。GIF 格式的特点是压缩比高，磁盘空间占用较少，目前 Internet 上大量采用的彩色动画文件多为这种格式的文件。此外，考虑到网络传输中的实际情况，GIF 图像格式还增加了渐显方式。GIF 格式的缺点是不能存储超过 256 色的图像。在排版工作特别是报纸排版中，一般很少用到这种格式的文件。

⑤EPS 格式：EPS（Encapsulated Post Script）是用 PostScript 语言描述的一种 ASCII 码文件格式，主要用于排版、打印等输出工作，是桌面出版系统中的重要文件。

⑥PS 格式：飞腾排版系统支持方正维思等排版软件生成的 PS 格式文件，但必须首先通过 RIP 解释器进行解释。

飞腾排版系统将 EPS 格式和 PS 格式的文件作为一般图像文件排入页面。

## 知识点 3　图像的排入与显示

（1）图像的排入

排入图像具体操作步骤如下：

步骤 1：执行"文件"→"排入图像"命令，弹出"图像排版"对话框，如图 6 - 13 所示。

步骤 2：单击"查找范围"下拉列表框，可设置图像所在的文件夹。

图 6–13　图像排版对话框

步骤 3：在图像列表框中选择图像，选中"预显"复选框，可在预览窗口中显示该图像的缩略图。

步骤 4：单击"排版"按钮，则关闭"图像排版"对话框，在页面中要排入图像的位置单击鼠标，则图像被排入版面。

（2）图像的显示

在飞腾中排入的图像精度越高，读入的信息量越大，显示和刷新速度越快。

选中图像并右击，弹出如图 6–14 所示右键菜单。

精细显示，是以不高于 256kB 的图像信息量显示图片。

一般显示，是以不高于 64kB 的图像信息量显示图片。

粗略显示，是以不高于 16kB 的图像信息量显示图片。

选中图像，执行"显示"→"不显示图像"命令，则页面内不显示图像，只显示图片的轮廓线和对应的外部文件名。

选中图像，执行"显示"→"部分显示"命令，则页面内只显示选中的图像，未选中的图像仅显示图片的轮廓线和对应的外部文件名。

选中图像，执行"显示"→"图像显示精度"→"自定义"命令，弹出"自定义图像显示精度"对话框，在"精度值"文本框中输入数值即可。

带有 Tiff 和 MetaFile 预显图的 EPS 图像在通过预显头显示或 RIP 解释器显示的情况下，可实现透明显示。

如图 6–15 所示，分别为精细显示、一般显示和粗略显示。

| 裁剪 | Ctrl+X |
| 复制 | Ctrl+C |
| 粘贴 | |
| 层次 | ▶ |
| 块合并 | F4 |
| 块分离 | Shift+F4 |
| 块参数… | F7 |
| 图片参数… | |
| 图片信息… | |
| 图文互斥(E)… | |
| 包含图片数据 | ▶ |
| 精细显示 | |
| ✔ 一般显示 | |
| 粗略显示 | |
| 以透明方式显示 | |
| EPS显示方式 | ▶ |
| 块打印 | ▶ |

图 6–14　右键菜单

(a)　　　　　　　　　　　(b)　　　　　　　　　　　(c)

图6-15　3种不同显示精度的效果

（a）精细显示　（b）一般显示　（c）粗略显示

## 知识点4　图片信息

飞腾可在图像排入前后显示原始图像文件所包含的文件路径、格式、分辨率等相关信息。

排入图像时，在"图像排版"对话框中单击"图片信息"按钮，即可弹出"图片信息"对话框。

如图6-16所示为图片信息对话框。

 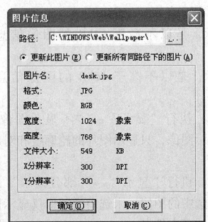

图6-16　图片信息对话框

对话框中显示图像文件的图片名、格式、颜色、宽度、高度、文件对象、X分辨率和Y分辨率等8项信息。

在排入图像后，使用"选取"工具选中该图像对象，单击鼠标右键，在弹出的菜单中执行"图片信息"命令，也可弹出"图片信息"对话框，显示图像的相关信息。

## 知识点5　图像管理

执行"视窗"→"图像管理窗口"命令，使"图像管理窗口"选项处于选中状态，弹出"图像管理"窗口，如图6-17所示。

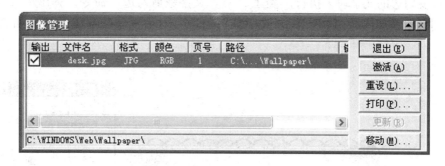

图6-17　图像管理窗口

该窗口中列出了当前文件中图像的外部文件名、类型、颜色、页号、路径、链接信息等信息，其中"链接信息"栏中显示的是该图像文件的状态，共包括以下4种：

正常：图像排入后未经过修改，路径也未发生变化。

找不到：无法在原路径上找到图像。

已更换：图像在排入后其路径被重新设置过。

图变化：图像在排入后被第三方软件修改过。

## 知识点6　图像勾边

选中一个图像，执行"美工"→"图像勾边"→"不裁图"命令，将显示图像的勾边线，可使用"花边线型窗口"调整勾边线的线型和花边属性，如图6-18所示。

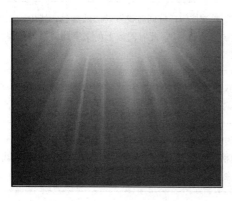

图6-18　图像勾边

## 知识点7　文字裁剪勾边

在飞腾排版系统中，可以将放置在图像或图形上的文字加入勾边已达到区分和突出的效果。

选中要勾边的文字块，执行"美工"→"文字裁剪勾边"命令，弹出"文字裁剪勾边"对话框，如图6-19所示。"文字裁剪勾边"对话框中的选项及意义如表6-2所示。

图6-19　文字勾边设置及效果

表6-2　　　　　　　　　　"文字裁剪勾边"对话框中的选项及意义

| 选项 | 意义 |
| --- | --- |
| "裁剪属性"选项区 | 选中"压图像时裁剪勾边"复选框，可对图像上的文字进行裁剪勾边；选中"压图形时裁剪勾边"复选框，可对图形上的文字进行裁剪勾边 |
| "处理内容"选项区 | 选中"一重勾边"或"二重勾边"单选按钮，可同时设置勾边的颜色；选中"二重勾边"单选按钮，还可进一步设置"二重裁剪"，此时图像上的文字的两层勾边都能保留，图像外的文字勾边都被取消 |
| "处理对象"选项区 | 用于确定查找的范围，包含"查找图像上的文字块"和"查找图形上的文字块"两个复选框 |
| "处理方式"选项区 | 选中"裁剪勾边"单选按钮，选中"属性反映"复选框，在查找过程中可显示当前文字块的裁剪勾边属性。单击"调整"按钮就可应用裁剪勾边效果。选中"解除裁剪"单选按钮，文字勾边效果则被解除 |

## 知识点8　自动文压图

在排版过程中，可能出现文字层次低于图像而被遮掩的情况，此时可以使用自动文压图功能，自动调整文字的层次。

自动文压图只支持文字和图像层次的相对调整，对于图形不起作用。

自动文压图只对当前页面有效。

操作方法是：

选择"美工"→"自动文压图"命令，即可调整文字的层次使其显示在图像上。如图6-20所示为自动文压图效果。

图6-20　自动文压图效果

## 知识点9　图文互斥

在文字块和对象重叠放置时，可利用图文互斥功能设置二者的关系是否为互斥。设置互斥后，还可定义互斥边空。

具体操作方法是：

步骤1：选中要定义为互斥的对象。

步骤2：执行"版面"→"图文互斥"命令，弹出"图文互斥"对话框，如图6-21所示。

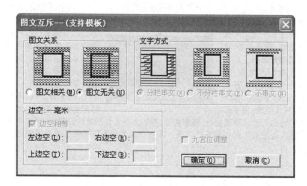

图6-21　图文互斥对话框

步骤3：选中"图文相关"单选按钮，如图6-22（b）所示。

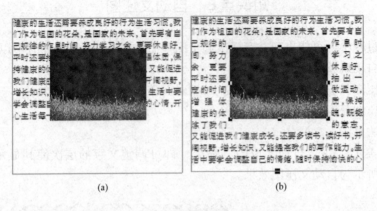

(a)　　　　　　　　(b)

图6-22　图文无关与图文互斥效果

步骤4：需要文字绕对象两边分栏排版时，选中"分栏串文"单选按钮；需要文字绕对象两边不分栏排版时，选中"不分栏串文"单选按钮；不需要文字绕对象两边排版时，选中"不串文"单选按钮，如图6-23所示。

图6-23　分栏串文、不分栏串文与不串文效果

步骤5：在边空的各文本框中可输入上下左右边空值。如图6-24为上下边空为2mm，左右边空为5mm的图文互斥效果。

图6-24　设置了边空的图文互斥效果

# 知识点 10  插入盒子

利用"文字"菜单下的"插入盒子"命令，可以把图元块、图像块或文字块作为一个整体插入到当前文本中。插入后的对象不再具有原来的属性，仅仅被当作字符，当上下文移动时，它也随之移动。

具体操作方法是：

步骤 1：执行"文字"→"插入盒子"命令，在"插入盒子"选项前出现一个对勾，表示此项为被选中状态。

步骤 2：选中要插入的对象。这里是选择"小树"。

步骤 3：选择"编辑"菜单的"复制"或者"裁剪"，或者使用快捷键 Ctrl + C。

步骤 4：用文字工具将光标定位于文字中要插入盒子的位置。

步骤 5：选择"编辑"菜单中的"粘贴"，或者使用快捷键 Ctrl + V。

步骤 6：被复制或裁剪的对象插入到文本中，如图 6 – 25 所示。

插入盒子功能常用于制作项目符号，另外，许多文本中的小图标也用这种方法制作。

需要注意的是，被当作盒子插入的对象不能再恢复到原来的状态，如果将一个图片当作盒子插入到文字块中，则不能将其恢复成图像块状态。

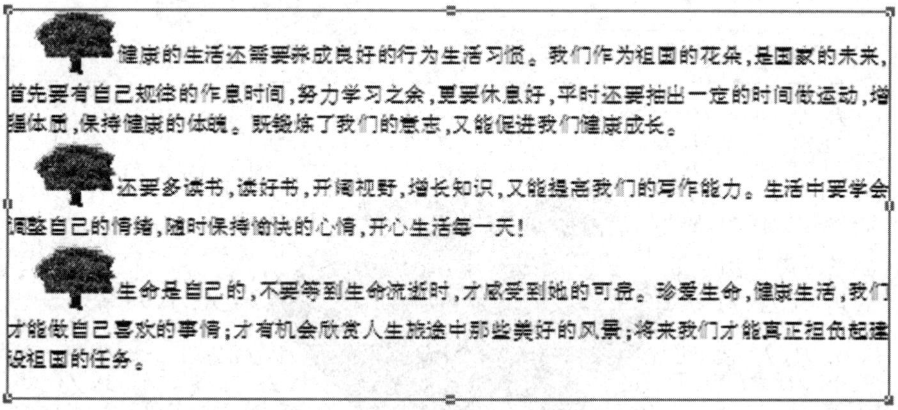

图 6 – 25  在文本中插入盒子效果

⊙ 独立实践任务

## 任务二　设计制作小九寨宣传单

### 一、任务要求

彩色印刷。成品尺寸要求宽 185mm，高 260mm。文字的字体、字号及颜色可以自己设计。

### 二、任务参考效果图

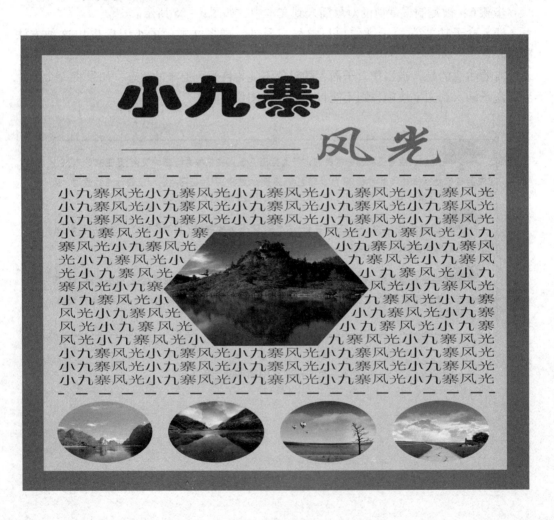

模块7 设计制作海报

模拟制作任务

任务一 设计制作儿童节海报

一、任务效果图

## 二、 任务要求

彩色印刷。成品尺寸要求宽 200mm，高 200mm。

## 三、 任务详解

☞**步骤 01**：启动方正飞腾后，执行"文件"→"新建"命令，弹出图 7-1 所示的"版面设置"对话框，在该对话框中设置宽度为 200mm，高度为 200mm。

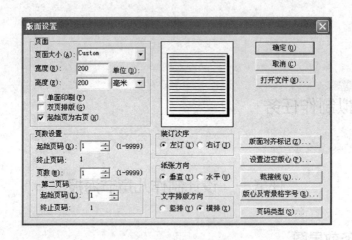

图 7-1　版面设置

☞**步骤 02**：单击"设置边空版心"按钮，弹出"设置边空版心"对话框，将上、下页边空设置为 0mm，左、右页边空设为 0mm。

☞**步骤 03**：依次击"确定"按钮，得到图 7-2 所示的新建文件。执行"显示"→"背景格"命令可去掉和添加背景格。

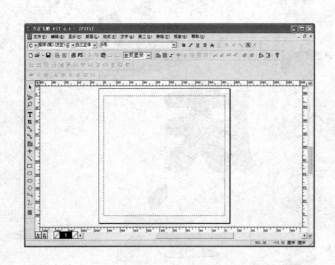

图 7-2　新建文件

☞**步骤 04**：单击"文件"→"设置选项"→"长度单位"命令，弹出"长度单位"对话框，将"坐标单位"、"TAB 键单位"、"字距单位"、"行距单位"均设置为毫米，单击"确定"按钮。

☞**步骤 05**：单击"矩形工具"，在页面上单击，在弹出的"默认块大小"对话框中，设置宽度、高度均为 200mm，单击"确定"按钮，如图 7-3 所示。

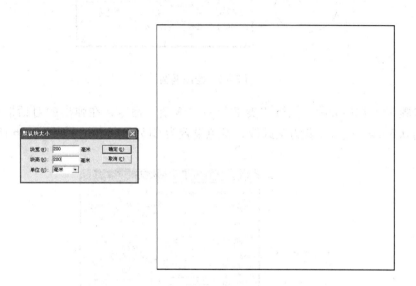

图 7-3　默认块大小

☞**步骤 06**：选中矩形，执行"美工"→"空线"命令，然后执行"美工"→"底纹"命令，在弹出的"底纹"对话框中，设置底纹编号为 1，渐变颜色设置为"双向折线渐变"，起始颜色设置为 C50M0Y0K0，终止颜色设置为白色，单击"确定"按钮，如图 7-4 所示。

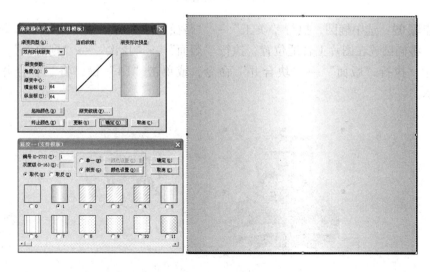

图 7-4　设置底纹

☞**步骤07**：选中椭圆工具，在页面上单击，在弹出的"默认块大小"对话框中设置块宽35mm，块高27mm，如图7-5所示。

图7-5  绘制椭圆

☞**步骤08**：选中椭圆，执行"美工"→"线型"命令，在弹出的对话框中，将线粗设置为0.5mm，线型设置为文武线，颜色设置为C15M0Y80K0，如图7-6所示。

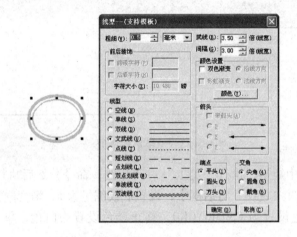

图7-6  线型设置

☞**步骤09**：选中椭圆，执行"美工"→"路径属性"→"裁剪路径"命令，导入一图片，将椭圆放在图片上合适位置，执行"版面"→"层次"→"到前面"，同时将二者选中，执行"版面"→"块合并"命令，或单击"F4"键，将二者合并，如图7-7所示。

图7-7  裁剪路径

☞**步骤10**：用同样的方法，再做五张裁剪图片，利用块对齐工具使它们排列到位，如图7-8所示。

图7-8 排列图片

☞**步骤11**：绘制一圆角矩形，宽103mm，高65mm，线粗1mm，线型文武线，线颜色为C100，执行"美工"→"圆角矩形"命令，在弹出的对话框中，设置宽（1）为20，如图7-9所示。

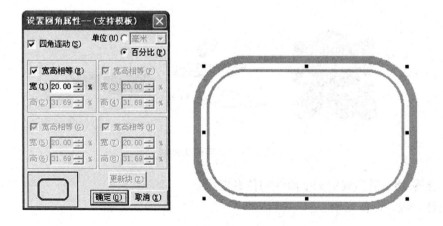

图7-9 绘制圆角矩形

☞**步骤 12**：选中圆角矩形，执行"美工"→"路径属性"→"裁剪路径"命令，导入一图片，将圆角矩形放在图片上合适位置，执行"版面"→"层次"→"到前面"，同时将二者选中，执行"版面"→"块合并"命令，或单击"F4"键，将二者合并，如图 7 – 10 （a）所示。

☞**步骤 13**：选中裁剪图形，击"F7"键，在弹出的对话框中，设置旋转度为逆时针 15°，单击"确定"按钮，如图 7 – 10 （b）所示。

(a)                                    (b)

图 7 – 10　裁剪路径

☞**步骤 14**：选中文字工具，输入"庆六一"，设置字体号为 96pt 方正胖娃。

☞**步骤 15**：用选中工具选中文字块，执行"美工"→"转为曲线"命令，将文字转为曲线。

☞**步骤 16**：击"Shift + F4"，将文字打散，设置"庆"字的颜色为 M100Y100（大红色），边框色为黑色。调整曲线"一"并着色。

☞**步骤 17**：选中"六"曲线，击"Shift + F4"，将文字曲线打散成单笔画曲线，并进行调整着色，如图 7 – 11 所示。

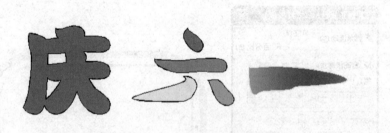

图 7 – 11　文字转为曲线

☞**步骤 18**：适当调整文字曲线的位置即可。

至此，设计制作完毕。

◉  知识点拓展    🔍

## 知识点1  特效字

利用文字转曲功能可设计制作特殊文字效果。

具体方法是：

步骤1：选中文字块，执行"美工"→"转为曲线"命令，即可将文字转为曲线。

步骤2：执行"Shift + F4"，可将文字块打散成单个文字曲线。

步骤3：选中单个文字曲线，再次执行"Shift + F4"，将单个文字打散。

步骤4：选中文字单个笔画，进行调整和着色。

步骤5：调整完毕后，选中单字的所有笔画，击"F4"键合并即可。

如图7－12所示。

图7－12  特效字效果

## 知识点2  镜像

利用镜像窗口可实现对象的镜像操作。

具体操作方法是：

步骤1：执行"视窗"→"镜像窗口"命令，弹出"镜像"对话框。

步骤2：在页面中选中要进行镜像操作的对象，单击"镜像"按钮即可。

如图7－13（b）所示。

(a)                                    (b)

图7－13  镜像设置及效果

　　"镜像"对话框中的选项及意义如表 7 – 1 所示。

**表 7 – 1**　　　　　　　　　　　"镜像"对话框中的选项及意义

| 选项 | 意义 |
| --- | --- |
| "镜像产生方式"下拉列表框 | 1. 选择"直接转换"选择，则直接将原对象转换为镜像；<br>2. 选择"拷贝生成"选项，则制作原有对象的副本，并对该副本做镜像变换。 |
| "基准线（点）产生方式"下拉列表框 | 1. 选中"缺省"选项，则以对象自身为基准，用户可在"块产生基准方式"下拉列表格中进一步选择对象中的基准位置；<br>2. 选中"自定义"选项，则可在页面中自行指定镜像的基准点或基准线；<br>3. 选中"据给定块产生"选项，则可使用最后选中的块的基准线（在"块产生基准点方式"下拉列表框中设置）作为镜像的基准线。 |
| "块产生基准方式"下拉列表框 | 在"基准线（点）产生方式"下拉列表框中选中"缺省"或"据给定块产生"选项时，该下拉列表框可用。用户可以在其中选择对象的某一基准线作为镜像操作的基准 |

# 知识点 3　对象及属性的复制

　　利用"拷贝块"功能，一次复制可生成多个对象，"拷贝块"操作不可撤消。

　　具体操作方法是：

　　步骤 1：选中要复制的对象，执行"版面"→"块拷贝"命令，弹出"拷贝块"对话框，如图 7 – 14 所示。

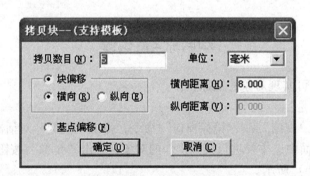

图 7 – 14　拷贝块对话框

　　步骤 2：单击"确定"按钮，得到如图 7 – 15 所示效果。

图 7 – 15　拷贝块设置效果

"拷贝块"对话框中的选项及意义如表 7 - 2 所示。

表 7 - 2                                    "拷贝块"对话框中的选项及意义

| 选项 | 意义 |
| --- | --- |
| "拷贝数目"文本框 | 在该文本框中可输入要复制的块的数目 |
| "块偏移"单选按钮 | 选中该按钮，则"块偏移"选项区可用，可选择复制块的"横向"或"纵向"排列方式 |
| "基点偏移"单选按钮 | 选中该按钮，则可在"横向距离"和"纵向距离"文本框中设置各新建对象间的距离 |

利用"块属性拷贝"功能可复制和粘贴对象的属性。

具体操作方法是：

步骤 1：选中对象，单击鼠标右键，执行"块属性拷贝"命令。这里选择素材窗口中的球体。

步骤 2：选中要设置属性的对象，这里选择文字块"处理"（96pt 蓝色黑体），单击鼠标右键，执行"块属性粘贴"命令，则前一对象的属性被应用于后一对象，如图 7 - 16 所示。

图 7 - 16　块属性拷贝效果

## 知识点 4　素材窗口

利用素材窗口可以加快版面设计，使版面更有特色。

具体操作方法是：

步骤 1：执行"版面"→"软插件"→"素材窗口"命令，弹出素材窗口对话框。

步骤 2：在对话框中选择"多维框架"，种类选择"灯笼"，勾选"填充"，单击"应用于版面"按钮。

步骤 3：在版面合适的位置处单击即可。

如图 7 - 17 所示为素材窗口对话框设置及效果。

素材窗口分为 3 部分，上部为一个包含 6 组素材图标的列表框，分别为多维框架、三维图素、附加图元、提示符号、边框风格和图元变换，通过拖动其下面的滑块来选择；中部对应不同素材图标的具体位置，包括一个示意图框；下部为"应用于版面"

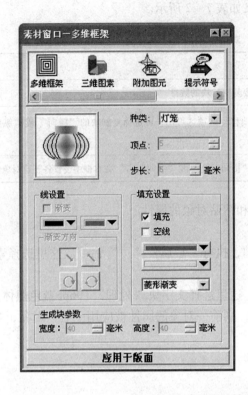

图 7 - 17  素材窗口设置及效果

按钮，用户设置的复杂素材图元通过该按钮可以应用到版面的相应位置。

下面简介一下素材窗口的使用。

（1）多维框架

打开"种类"下拉列表，可选择矩形、椭圆形、菱形、等边形和灯笼六种框架。六种框架的效果如图 7 - 18 所示。

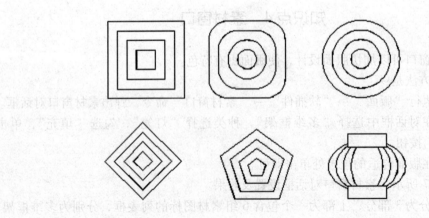

图 7 - 18  六种框架

可设置不同的步长、线设置、填充设置和块参数，达到特殊效果，如图7-19所示。

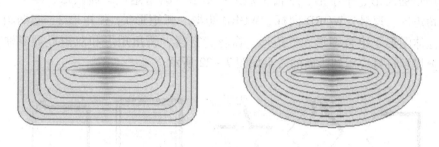

图7-19　多维框架设置效果

（2）三维图素

打开"类型"下拉列表，可选择圆柱体、球体、立方体、锥体和棱锥体五种三维图素。五种三维图素应用到版面的效果如图7-20所示。

图7-20　五种三维图素

（3）附加图元

打开"类型"下拉列表，可选择正多边形、N角形、星形、交叉多边形、梅花、齿轮和爆炸七种附加图元。七种附加图元应用到版面的效果如图7-21所示。

图7-21　七种附加图元

（4）提示符号

打开"种类"下拉列表，可选择单箭头、双箭头、实体箭头、五角星、规则锯齿形、不规则锯齿形、十字形、带箭头矩形、矩形、圆角矩形、椭圆形、菱形、正六边形、尖角矩形、逗号、WORD 向标、WORD 矩形、弧矩形 1、弧矩形 2、双椭圆、尖角椭圆、立体图形、组合图形、五边形、窗花、窗棂、斜角矩形和双矩形等多种提示符号。部分提示符号应用到版面的效果如图 7 - 22 所示。

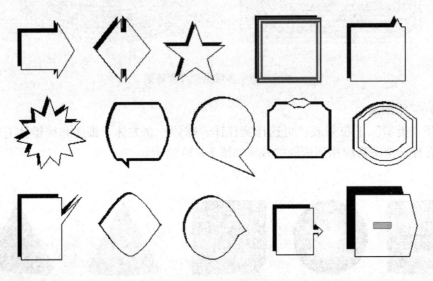

图 7 - 22　部分提示符号

（5）边框风格

打开"种类"下拉列表，可选择水平画轴、垂直画轴、柱状边框、棱状边框、链状边框、四角修饰边框、卡片形边框和线形边框等多种边框风格。部分边框风格应用到版面的效果如图 7 - 23 所示。

图 7 - 23　部分边框风格

选中"插入图片"复选框，单击"浏览"按钮可以置入需要的图片，如图7-24所示为插入图片效果。

图7-24    插入图片效果

（6）图元变换

打开"种类"下拉列表，可选择影深效果、缩小效果和扩大效果3种图元变换。部分图元变换设置应用到版面的效果如图7-25所示。

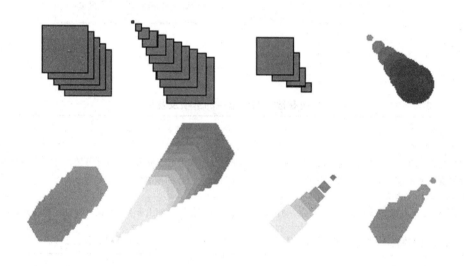

图7-25    部分图元变换设置效果

## 知识点5    块参数对话框

利用块参数对话框可以实现对象的移动、倾斜、旋转和块变形等基本操作。选中对象，执行"版面"→"块参数"命令，或单击F7键，弹出"块参数"对话框，如图7-26所示。"块参数"对话框中的选项及意义如表7-3所示。

图 7-26  块参数对话框

表 7-3         "块参数"对话框中的选项及意义

| 选项 | 意义 |
|---|---|
| "横坐标"和 "纵坐标"文本框 | 显示选中对象目前所处位置的坐标值。X 指定以版面左上方（开始位置）为原点的横坐标值；Y 指定以左上方（开始位置）为原点的纵坐标值 |
| "旋转角度"文本框 | 输入旋转的角度，与逆时针或顺时针按钮配合使用可实现块的逆时针或顺时针方向旋转 |
| "倾斜角度"文本框 | 输入倾斜的角度，与左倾斜或右倾斜按钮配合使用可实现块的左或右倾斜 |
| "横向缩放比"文本框 | 当选中"实际值"时，在编辑框中输入的是块的宽度值；选中"百分比"时，在编辑框中输入的是相对于当前块宽度的比值 |
| "纵向缩放比"文本框 | 当选中"实际值"时，在编辑框中输入块的高度值；选中"百分比"时，在编辑框中输入的是相对于当前块高度的比值 |
| "正常"、"内框"和 "外框"单选按钮 | 可以设置线加粗的方向，正常情况下在边框的中间 |
| "文字边框空"文本框 | 指文字边框和排版区域之间的距离。该选项对图形对象不可用 |
| "块变形"下拉列表框 | 当对象块为图形时可用，用于改变选中的图形块的形状 |
| "更新快"按钮 | 单击"更新块"按钮，所设参数作用到选中的块 |

## 知识点 6　对象的移动

移动对象的方法主要有：

方法 1：选中要移动的对象，按住鼠标左键并拖动，将对象拖至理想位置释放鼠标即可。

方法 2：如果要在水平或垂直方向上移动对象，只需在拖动对象时按住 Shift 键。

方法 3：选中要移动的对象，执行"版面"→"块参数"命令，弹出"块参数"对话框。在"位置"选项区的"横坐标"和"纵坐标"文本框中填入对象的位置（指对象左上角点的坐标）。单击"确定"按钮，对象将被自动移动至指定位置。

## 知识点 7　改变对象大小

改变对象大小的方法有两种：

方法 1：选中对象，选中一个控制点并拖动，对象将在拖动方向上扩大或缩小，完成后释放鼠标即可。

方法 2：执行"版面"→"块参数"命令，弹出"块参数"对话框。选中"百分比"单选按钮，则可在"横向缩放比"和"纵向缩放比"文本框中输入缩放比例；选中"实际值"单选按钮，则"横向缩放比"和"纵向缩放比"文本框变为"块宽度"和"块高度"文本框，可在其中输入图形新的宽度和高度参数，单击"确定"按钮即可。

## 知识点 8　对象的倾斜

设置对象倾斜的方法主要有两种：

方法 1：选择快捷工具栏中的"旋转与倾斜"工具，然后双击要进行倾斜操作的对象，拖动中间的两个控制点，即可实现对象的倾斜，如图 7－27 所示。

图 7－27　对象的倾斜效果

　　方法2：使用"选择"工具选中对象，执行"版面"→"块参数"命令，弹出"块参数"对话框，在"倾斜角度"文本框中输入对象倾斜的角度，单击右侧的倾斜方向按钮即可。

## 知识点9　对象的旋转

　　设置对象旋转的方法有两种：

　　方法1：选择快捷工具栏中的"旋转与倾斜"工具，然后双击要进行旋转操作的对象。选中并拖动四周的4个控制点之一，即可实现围绕旋转中心（位于对象中央红点）旋转，如图7-28（a）所示。

　　方法2：使用选择工具选中对象，执行"版面"→"块参数"命令，弹出"块参数"对话框。在"旋转角度"文本框中输入对象旋转的角度，单击右侧的按钮即可。这里选择顺时针90°旋转，如图7-28（b）所示。

图7-28　对象的旋转效果

## 知识点10　多对象的选中

　　对多个对象进行选中操作主要有以下两种方法：

　　方法1：选择快捷工具栏中的"选取"工具，按住Shift键连续单击对象，即可一次选中多个对象。

　　方法2：按住鼠标左键拖动可以画出一个矩形虚线框，在该虚线框中的对象都将被选中。

## 知识点 11　对象的对齐方式

利用对齐工具栏 ，可以实现多个对象按不同的基准对齐。对齐工具栏中的选项及意义如表 7 - 4 所示。

选中多个对象，单击该工具栏中的某一对齐方式按钮即可实现对象的对齐。

至少有两个对象被选中时，对齐工具栏可用。对齐时以最后选中的对象为基准。

表 7 - 4　　　　　　　　　　　　　对齐工具栏中的选项及意义

| 选项 | 意义 |
| --- | --- |
| "左对齐" | 所有对象左边对齐 |
| "右对齐" | 所有对象右对齐 |
| "顶齐" | 所有对象顶端对齐 |
| "底齐" | 所有对象底端对齐 |
| "左右边齐" | 水平移动先选中的对象使之与基准边齐（只能用于两个对象） |
| "上下边齐" | 垂直移动先选中的对象使之与基准边对齐（只能用于两个对象） |
| "横向中齐" | 对象沿基准对象的水平中线对齐 |
| "纵向中齐" | 对象沿基准对象的垂直中线对齐 |
| "横向等距" | 将选中的对象横向等距排列。至少 3 个对象被选中时可用 |
| "纵向等距" | 将选中的对象纵向等距排列。至少 3 个对象被选中时可用 |
| "等宽" | 将多个对象调整为与基准对象等宽 |
| "等高" | 将多个对象调整为与基准对象等高 |
| "中齐" | 将多个对象以基准对象的中心为基准对齐 |
| "自定义" | 单击该按钮，弹出"块对齐工具"对话框，如图 7 - 29 所示 |

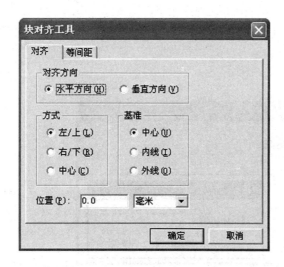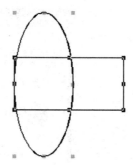

图 7 - 29　块对齐工具对话框及设置效果

# 知识点12 库管理

利用库管理工具可以将版面上排好的对象保存起来供今后调用。用户可以将版面上已经排好的对象随时放在库管理窗口中，并保存为＊．odf 类型的文件。需要调用该对象时，可以随时在库管理窗口中打开保存的＊．odf 文件，将保存的对象拖到版面上直接使用。

图形库自带了 234 个常用图形（典型安装）和 445 个装饰边框（特定安装）。这些图形和边框可直接拖入版面使用，也可进行"块分离"，经编辑修改后再用。

选择"视窗"→"库管理窗口"命令，弹出"库管理"窗口，如图 7-30 所示。

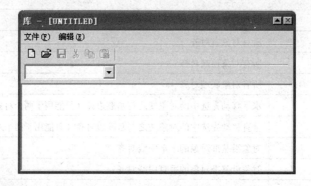

图 7-30 库管理窗口

该窗口类似于一个小型的资源管理器。

（1）新建库文件

在库管理窗口中选择"文件"→"新建"命令，库管理窗口自动清空，表明当前库是一个新库。

（2）新建对象文件

在页面中选中一个对象，将其拖入库管理窗口，此时弹出"对象名"对话框，如图 7-31 所示。

这里输入对象名为"五星"。

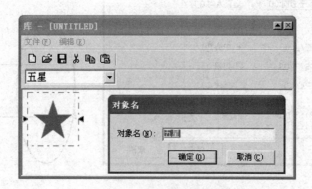

图 7-31 对象名对话框

（3）保存库文件

在库管理窗口中执行"文件"→"存文件"命令，弹出"另存为"对话框，如图 7 – 32 所示。在"文件名"文本框中输入库文件的名称，单击"保存"按钮即可。

这里输入文件名为"五星"。

图 7 – 32　另存为对话框

（4）打开库文件

在库管理窗口中执行"文件"→"打开"命令，弹出"打开库文件"对话框。选中要打开的库文件，下面的预览窗口中自动显示该库中包含的对象列表，单击"打开"按钮即可，如图 7 – 33 所示。

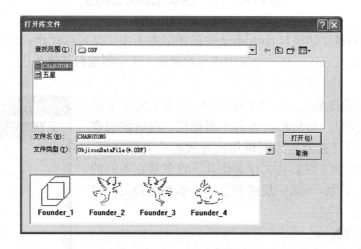

图 7 – 33　打开库文件对话框

飞腾排版系统自带 4 个图形库供用户选择，每个库又包括多个分类，如图 7 – 34 所示。用户可以将对象直接拖到页面中使用。

（5）编辑对象文件

飞腾排版系统支持在库管理窗口中对对象进行编辑。选中对象，执行"编辑"命令，可以对对象进行删除、复制、粘贴、修改大小等操作。

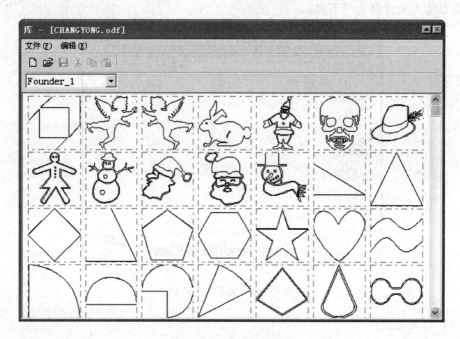

图 7 - 34　库对象列表

# 知识点 13　层的概念及调整

飞腾排版系统中的层与 photoshop 中的图层差不多，都可以比作一张透明的纸，层与层之间是独立存在的，在一个层上进行的操作，不会影响到其他图层。飞腾中的层可以独立发排。

在使用飞腾排版时，可以把排好的、位置固定不变的对象放在一个层中，然后将其设为不可见层，同时该层也不可被编辑，以此来避免因误操作而导致的不必要麻烦。在进行封面设计时，可以将文字、图片、背景放在不同的层上，修改时可以针对某一层进行，不会影响其他层，修改结束后，再合并层。

（1）层管理窗口

执行"视窗"→"层管理窗口"命令，弹出如图 7 - 35 所示的"层管理窗口"对话框。

默认情况下，版面只有一层，层名为"层 0"。该面板可以被拖动到版面上的任意位置，单击"层管理窗口"面

图 7 - 35　层管理窗口

板标题栏中的按钮，可以将面板最小化，如 层管理窗口 ▣▣。面板最小化后，单击其上的按钮，又可将其最大化。

（2）创建层、删除层、选中层和合并层

单击"层管理窗口"面板右下方的按钮 ，可以增加新层，增加的层按照产生的顺序依次叠放，并自动被命名为"层1"、"层2"……

如果要改变层的名称，需双击要改变名称的层，在弹出的"设置层属性"对话框中输入名称，如图7–36所示。

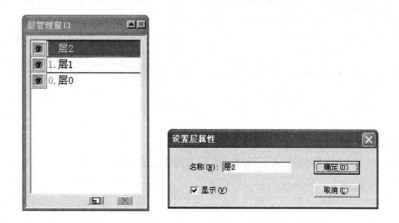

图7–36　创建新的层名

如果要删除层，只需在"层管理窗口"面板中选中该层，然后单击面板右下方的按钮即可，但当面板中只有一层时，该层不可删除。当删除有对象的层时，会弹出提示对话框，如图7–37所示，提示用户删除层是会删除层中所有的块，可根据情况作出选择。

图7–37　删除层提示

如果要选中层，需在"层管理窗口"面板中单击某一层即可。

如果需要将某两层合并，可在"层管理窗口"面板中选中要合并的层，然后单击右键，从弹出的菜单中选择"合并到下一层"命令，如图7-38所示。

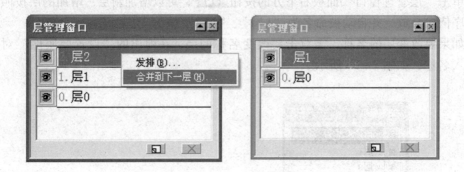

图7-38　合并层

（3）调整层的次序及设置层的可见性

如果要调整某层的叠放次序，需拖动该层到合适的位置即可。如图3-39所示，将层2调整到最下层。

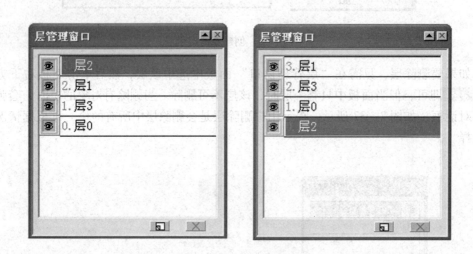

图7-39　调整层次序

设置层的可见性，需单击面板上的◉图标，如果眼睛消失，则该层不可见；再次单击相应的图标，则该层又恢复可见性。

## 独立实践任务

### 任务二　设计制作国庆节海报

### 一、 任务要求

彩色印刷。成品尺寸要求宽 185mm，高 260mm。文字的字体、字号及颜色可以自己设计。

### 二、 任务参考效果图

# 模块 8　设计制作表格

模拟制作任务 🔍

## 任务一　设计制作课程表

### 一、任务效果图

课 程 表

| 节次＼星期＼课程 | 星期一 | 星期二 | 星期三 | 星期四 | 星期五 |
|---|---|---|---|---|---|
| 第一节 | 语文 | 英语 | 语文 | 英语 | 数学 |
| 第二节 | 语文 | 英语 | 语文 | 英语 | 数学 |
| 第三节 | 政治 | 计算机 | 数学 | 体育 | 美术 |
| 第四节 | 政治 | 计算机 | 数学 | 体育 | 美术 |
| 午　　休 | | | | | |
| 第五节 | 美术 | 音乐 | 班会 | 语文 | 音乐 |
| 第六节 | 美术 | 音乐 | 班会 | 语文 | 音乐 |
| 第七节 | 自习 | | | 自习 | |

## 二、 任务要求

彩色印刷。成品尺寸要求宽 210mm，高 150mm。

## 三、 任务详解

☞**步骤 01**：启动方正飞腾后，执行"文件"→"新建"命令，弹出图 8 – 1 所示的"版面设置"对话框，在该对话框中设置宽度为 210mm，高度为 150mm。

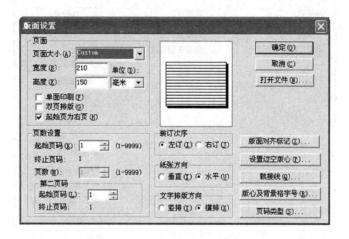

图 8 – 1　版面设置

☞**步骤 02**：单击"设置边空版心"按钮，弹出"设置边空版心"对话框，将上、下页边空设置为 0mm，左、右页边空设为 0mm。

☞**步骤 03**：依次击"确定"按钮，得到图 8 – 2 所示的新建文件。执行"显示"→"背景格"命令可去掉和添加背景格。

图 8 – 2　新建文件

☞**步骤 04**：单击"文件"→"设置选项"→"长度单位"命令，弹出"长度单位"对话框，将"坐标单位"、"TAB 键单位"、"字距单位"、"行距单位"均设置为毫米，单击"确定"按钮。

☞**步骤 05**：执行"表格"→"新建表格"命令，在弹出的对话框中设置高度 120mm，宽度 210mm，如图 8 - 3 所示。

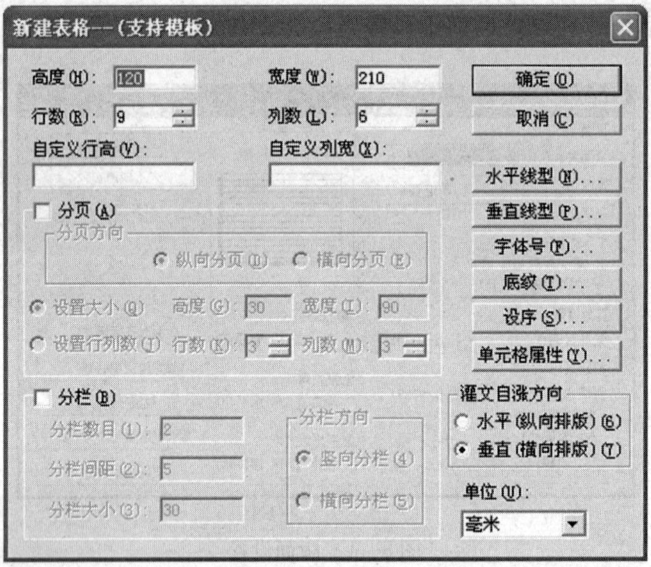

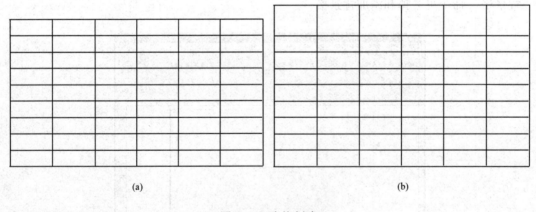

图 8 - 3　新建表格

☞**步骤 06**：单击"确定"按钮，在页面上单击，得到如图 8 - 4（a）所示。

(a)　　　　　　　　　　　　(b)

图 8 - 4　表格创建

☞**步骤 07**：单击表格工具▦，弹出表格工具栏▟▮▯▤▥▦▦。

☞**步骤 08**：选中表格，在表格工具栏上单击表格选中工具▮，将鼠标放在表格顶线上向上拖动，得到如图 8 - 4（b）所示。

☞**步骤09**：用表格选中工具单击首行首列单元格，执行"表格"→"斜线操作"→"类型"命令，在弹出的图8-5（a）图中设置斜线类型，单击"确定"按钮，得到图8-5（b）所示。

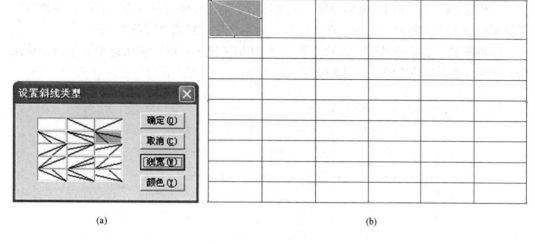

（a）　　　　　　　　　　　　　　　　　　　　（b）

图8-5　设置斜线类型

☞**步骤10**：选择文字工具，用小4号楷体输入文字"星期"，选中文字并移到合适位置。

☞**步骤11**：用同样的方法输入"课程"和"节次"，如图8-6所示。

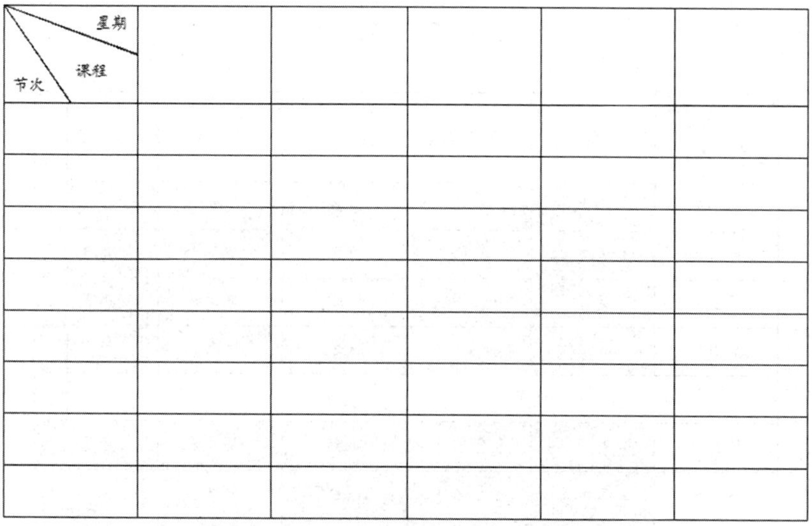

图8-6　斜线文字

☞**步骤12**：选择文字工具，单击第一行第二列单元格，用3号楷体输入文字"星期一"，在"排版格式工具条"上单击居中按钮，使文字居中。

☞**步骤 13**：依次单击其他单元格，用同样的方法输入其他文字。

☞**步骤 14**：用表格选中工具 ▶ 选中第六行所有单元格，执行"表格"→"单元格操作"→"合并"命令。

☞**步骤 15**：在合并的单元格内输入文字"午休"，如图 8 - 7 所示。

☞**步骤 16**：用"Ctrl + 鼠标左键"依次选中上午课程所有单元格并右击，在弹出的下拉菜单中单击"底纹"命令，在"底纹"对话框中设置底纹颜色为 C50。

☞**步骤 17**：在表格选中工具状态下，用"Ctrl + 鼠标左键"依次选中下午课程单元格，将底纹也设置成 C50，如图 8 - 8 所示。

| 星期<br>课程<br>节次 | 星期一 | 星期二 | 星期三 | 星期四 | 星期五 |
|---|---|---|---|---|---|
| 第一节 | 语文 | 英语 | 语文 | 英语 | 数学 |
| 第二节 | 语文 | 英语 | 语文 | 英语 | 数学 |
| 第三节 | 政治 | 计算机 | 数学 | 体育 | 美术 |
| 第四节 | 政治 | 计算机 | 数学 | 体育 | 美术 |
| 午 休 | | | | | |
| 第五节 | 美术 | 音乐 | 班会 | 语文 | 音乐 |
| 第六节 | 美术 | 音乐 | 班会 | 语文 | 音乐 |
| 第七节 | 自习 | | | 自习 | |

图 8 - 7　输入文字

| 星期<br>课程<br>节次 | 星期一 | 星期二 | 星期三 | 星期四 | 星期五 |
|---|---|---|---|---|---|
| 第一节 | 语文 | 英语 | 语文 | 英语 | 数学 |
| 第二节 | 语文 | 英语 | 语文 | 英语 | 数学 |
| 第三节 | 政治 | 计算机 | 数学 | 体育 | 美术 |
| 第四节 | 政治 | 计算机 | 数学 | 体育 | 美术 |
| 午 休 | | | | | |
| 第五节 | 美术 | 音乐 | 班会 | 语文 | 音乐 |
| 第六节 | 美术 | 音乐 | 班会 | 语文 | 音乐 |
| 第七节 | 自习 | | | 自习 | |

图 8 - 8　单元格底纹

☞**步骤 18**：用同样的方法，将其他单元格底纹颜色设置成 C80，如图 8 - 9 所示。

| | 星期一 | 星期二 | 星期三 | 星期四 | 星期五 |
|---|---|---|---|---|---|
| 第一节 | 语文 | 英语 | 语文 | 英语 | 数学 |
| 第二节 | 语文 | 英语 | 语文 | 英语 | 数学 |
| 第三节 | 政治 | 计算机 | 数学 | 体育 | 美术 |
| 第四节 | 政治 | 计算机 | 数学 | 体育 | 美术 |
| 午　　　休 | | | | | |
| 第五节 | 美术 | 音乐 | 班会 | 语文 | 音乐 |
| 第六节 | 美术 | 音乐 | 班会 | 语文 | 音乐 |
| 第七节 | 自习 | | | 自习 | |

图 8 - 9　底纹

☞**步骤 19**：用 2 号楷体输入表题"课程表"，至此设计完毕。

## 知识点拓展

## 知识点 1　建立表格

在飞腾排版系统中，可以使用两种方法建立表格：一是通过"表格"菜单中的"新建表格"命令直接创建，二是使用表格工具绘制表格。

（1）使用表格菜单创建表格

操作步骤如下：

步骤 1：执行"表格"→"新建表格"命令，弹出如图 8 - 10 所示对话框。

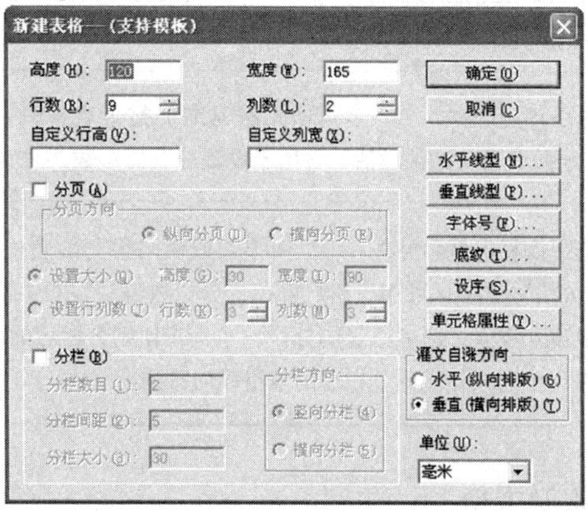

图 8 - 10　新建表格对话框

步骤 2：在新建表格对话框中设置合适的高度、宽度等一系列参数，单击"确定"按钮，在页面合适的位置处单击即可，如图 8 - 11 所示。

图 8 - 11　新建表格效果

"新建表格"对话框中的选项及意义如表 8 - 1 所示。

表 8 - 1　　　　　　　　　"新建表格"对话框中的选项及意义

| 选项 | 意义 |
| --- | --- |
| "高度"文本框 | 设置表格高度 |
| "宽度"文本框 | 设置表格宽度 |
| "行数"文本框 | 设置表格行数 |
| "列数"文本框 | 设置表格列数 |
| "自定义行高"文本框 | 可输入设置行高的表达式 |
| "自定义列宽"文本框 | 可输入设置列宽的表达式 |
| "分页"复选框 | 选中该复选框，当一个页面无法容纳下整个表格时，自动将表格进行分页。此时'分页'选项区被激活，可用于设置分页的参数。 |
| "分栏"复选框 | 选中该复选框，可将一个纵向很长或横向很宽的表格分栏后显示在版面上。此时，"分栏"选项区可用。用户可在"分栏数目"、"分栏间距"和"分栏大小"文本框中输入数值。选中"竖向分栏"单选按钮则分栏后的表格横向排列。选中"横向分栏"单选按钮，则分栏后的表格纵向排列。 |

（2）使用表格工具绘制表格

用表格工具绘制表格，适用于行列宽度不统一的特殊表格。

①快捷工具栏中的表格工具

选择快捷工具栏中"表格"工具▦，弹出表格子工具栏▮▮▮▮▮▮▮▮，该工具栏包含 3 个工具：

"表格选择"工具▮，用于表线的移动及单元格的选中操作。

"表格绘制"工具▮，用于在页面中绘制表线。

"表格擦除"工具▮，用于在页面中擦除表线。

②绘制表格轮廓线

选中"表格绘制"工具▮，在页面中单击鼠标左键作为表格的一个顶点，同时按住左键并拖动鼠标，在页面中绘制一个矩形，此矩形即为表格的轮廓线。

③绘制表线

选中"表格绘制"工具▮，在表格轮廓线内，按住鼠标左键并拖动，即可绘制水平或垂直直线作为表格的行线或列线。

表线只能为垂直或水平的线。如果鼠标拖动过程中产生偏移，系统将自动调整表线的角度为垂直或水平。在表格轮廓线外，表线绘制功能无效。

## 知识点 2　编辑表格

表格绘制好后可进行修改，具体如下：

（1）移动表线

选中快捷工具栏"表格"工具，单击表线并拖动，即可移动表线，可调整表格的行高和列宽。

移动表线方式有以下四种方法：

方法 1：直接移动表线，只移动当前表线。

方法 2：按住 Shift 键移动表线，可使当前选中表线及其右侧的所有表线保持相对位置并进行联动。

方法 3：按住 Ctrl 键移动表线，可移动距单击位置最近的一段表线。

方法 4：同时按住 Ctrl 和 Shift 键移动表线，可选中并移动据单击位置最近的表线及其右侧所有表线，在移动中这些表线保持相对位置不变，并进行联动。

（2）删除表线

选中表格工具中的"擦除工具"，单击鼠标产生一条虚线，拖动这条虚线与要删除的表线重合，释放鼠标，即可删除该表线。

（3）设置表格线型

在"新建表格"对话框中单击"水平线型"或"垂直线型"，可在打开的"线型"对话框中设置表线的线型，如图 8 - 12 所示。"线型"对话框中的选项及意义如表 8 - 2 所示。

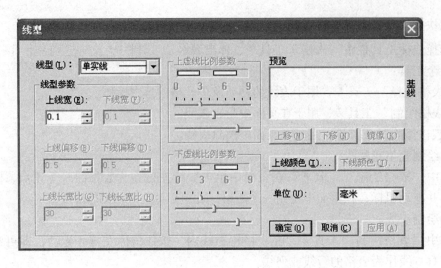

图 8-12 线型对话框

表 8-2   "线型"对话框中的选项及意义

| 选项 | 意义 |
| --- | --- |
| "线型"下拉列表框 | 提供了空线、单实线等 7 种线型 |
| "线型参数"选项区 | 可设置表线的线宽和线的长宽比 |
| "上虚线比例参数"选项区和"下虚线比例参数"选项区 | 当线型为虚线时可设置组成一个虚线周期的各部分占该周期的百分比 |
| "上移"、"下移"和"镜像"按钮 | 可参照预览窗口中的预览效果,设置双线的位置 |
| "上线颜色"和"下线颜色"按钮 | 单击这两个按钮,可弹出颜色对话框,设置上线和下线的颜色 |

（4）设置斜线

使用"表格选择"工具,选中需绘制斜线的单元格,执行"表格"→"斜线操作"→"类型"命令,弹出"设置斜线类型"对话框,如图 8-13（a）所示。

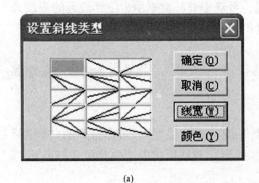

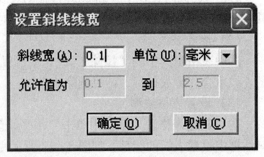

（a）       （b）

图 8-13 设置斜线
（a）设置斜线类型   （b）设置斜线线宽

图 8 – 13（a）列出了常见的 15 种斜线，单击相应区域即可选中该斜线类型。

单击"线宽"按钮，弹出"设置斜线线宽"对话框，如图 8 – 13（b）所示。用户可在"斜线宽"文本框中输入斜线的宽度。注意该宽度不能超过下方"允许值为"文本框中提示的值。

单击"颜色"按钮，将弹出"颜色"对话框，设置斜线的颜色。

图 8 – 14 为设置的斜线效果。

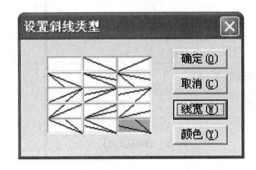 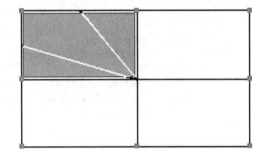

图 8 – 14　设置斜线效果

要删除斜线，只需使用"表格选择"工具，选中斜线所在的单元格，执行"表格"→"斜线操作"→"消除"命令即可。

## 知识点 3　表格中输入文字

（1）用文字工具输入

选择快捷工具栏中的"文字"工具，在单元格中单击鼠标，使光标在单元格中闪烁，此时即可输入文字。

（2）向表格中灌文

具体操作方法如下：

步骤 1：使用"表格选择"工具选中单元格或整个表格。

步骤 2：执行"文件"→"排入文字"命令，弹出"排入文字"对话框，选择要排入表格的文字文件，如图 8 – 15 所示。

步骤 3：选中"回车符（换行）转换"选项区中的"忽略"单选按钮，单击"排版"按钮，在表格中选中要灌文的起始单元格，即可排入数据。

（3）表格灌文的续排

如果文字小样文件中包含的项目多于表格的项目，在排入时会出现无法排入表格的剩余内容，系统可将这些剩余内容保存并灌入与当前表格有续排关系的表格中去。

对于带有剩余内容的表格，在该表格的每个分页块的右下角会出现一个续排标志，单击该标志，在要进行续排的目标表格中单击鼠标，即可排入剩余内容。

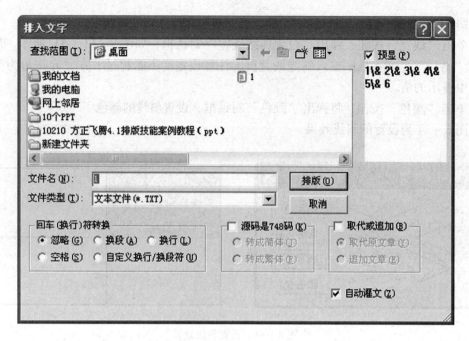

图 8 – 15 排入文字对话框

## 知识点 4 单元格的操作

（1）单元格的选中

①选中多个不相邻的单元格

选中"表格选择"工具，按住 Shift 健连续单击所有要选中的单元格即可。

②选中多个相邻的单元格

选中"表格选择"工具，在表格中单击鼠标并拖动，绘制一个矩形虚线框，释放左键，矩形边框所涉及的单元格都被选中。

③选中所有单元格

选中"表格选择"工具，执行"表格"→"选中操作"→"全选"命令，即可选中所有单元格。

④反向选中单元格

选中一个或多个单元格，执行"表格"→"选中操作"→"反选"命令，即可执行反选操作。

（2）设置文字位置

①设置单元格文字的排版方式

单元格中的文字可以有 4 种排版方式：正向横排、正向竖排、反向横排和反向竖排。

用"表格选择"工具选中表格，选中一个或多个单元格，执行"版面"→"排版方式"命令，选择相应的排版方式选项即可。

4 种排版方式效果如图 8 – 16 所示。

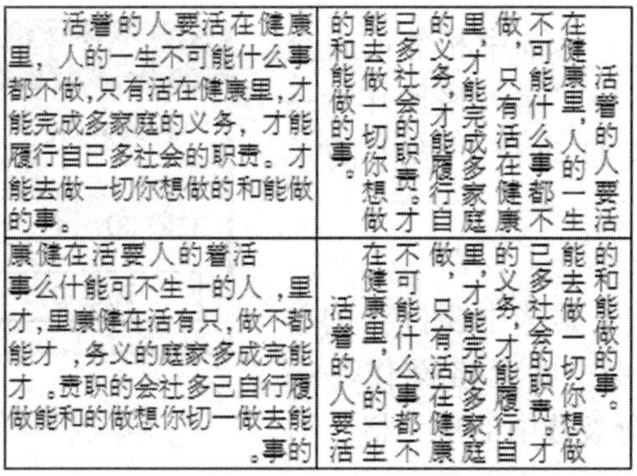

图 8 – 16　4 种排版方式

②设置单元格纵向对齐方式

单元格纵向对齐方式有三种：居上/右、居中和居下/左。

用"表格选择"工具选中表格，选中一个或多个单元格，执行"表格"→"纵向对齐方式"命令，选择相应的对齐方式即可。

③设置单元格的行格式

用"表格选择"工具选中表格，选中一个或多个单元格，执行"格式"→"行格式"命令，如图 8 – 17 所示，选择相应的对齐方式选项即可。

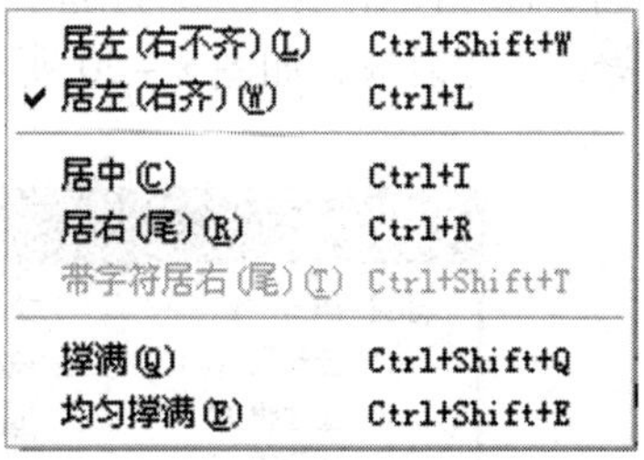

④符号对齐

使用"表格选择"工具选中表格，选中一列中包含符号内容的单元格，执行"表格"→"符号对齐"命令，弹出"符号对齐"对话框，如图 8 – 18 所示为符号对齐效果。

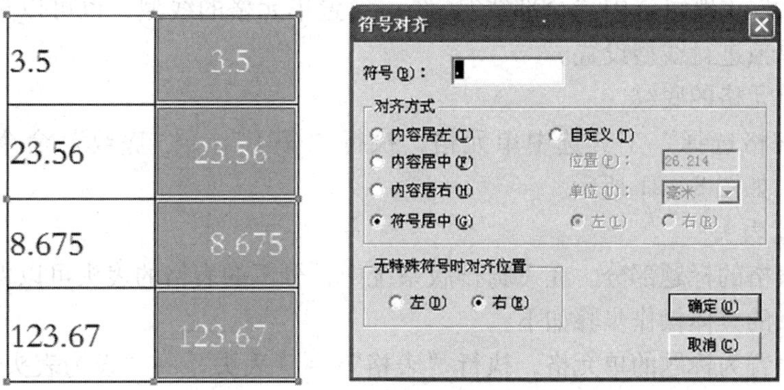

| 居左 (右不齐)(L) | Ctrl+Shift+W |
| ✓ 居左 (右齐)(W) | Ctrl+L |
| 居中(C) | Ctrl+I |
| 居右 (尾)(R) | Ctrl+R |
| 带字符居右 (尾)(T) | Ctrl+Shift+T |
| 撑满(Q) | Ctrl+Shift+Q |
| 均匀撑满(E) | Ctrl+Shift+E |

图 8 – 17　行格式

图 8 – 18　符号对齐

（3）合并和拆分单元格

①合并单元格

使用"表格选择"工具选中相邻的多个单元格，执行"表格"→"单元格操作"→"合并"命令，系统将自动合并选中的单元格。

②拆分单元格

使用"表格选择"工具选中要拆分的单元格，执行"表格"→"单元格操作"→"分裂"命令，弹出"分裂选中的单元格"对话框，如图 8-19 所示。

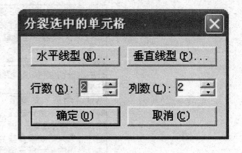

图 8-19 分裂选中的单元格

（4）设置单元格线型和底纹

①设置单元格的线型

使用"表格选择"工具选中单元格，执行"美工"→"线型"命令，弹出"单元格线型"对话框，如图 8-20 所示。

图 8-20 单元格线型

在该对话框中既可选中"全部线"，统一设置单元格的线型，也可以选择单元格的某一条线，单独进行线型设置。

②设置单元格的底纹

使用"表格选择"工具选中单元格，执行"美工"→"底纹"命令，弹出"底纹"对话框，如图 8-21 所示。

（5）设置表头

表头指表的标题部分。在飞腾排版系统中，分页的表格的表头可以保持一致。

设置表头的具体操作步骤如下：

选中要设置为标题的单元格，执行"表格"→"表头"→"设为表头"命令即可。

要取消设置的表头，可以选中设置为标题的单元格，执行"表格"→"表头"→"取消表头"命令。

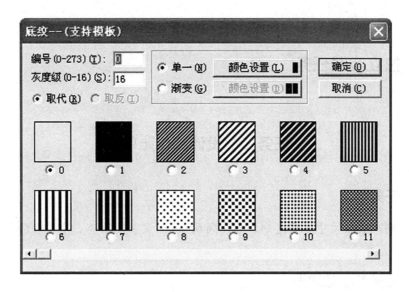

图 8 - 21　单元格底纹

# 知识点5　选中操作与行列操作

（1）选中操作

使用"表格选择"工具选中一个单元格，执行"表格"→"选中操作"命令，则可弹出如图 8 - 22 所示下拉菜单，可进行选中整行、选中整列、全选和反选等操作。

| 整行 (X) Ctrl+/, X |
| 整列 (Y) Ctrl+/, Y |
| 全选 (A) Ctrl+/, A |
| 反选 (I) Ctrl+/, I |

（2）行列操作

使用"表格选择"工具选中单元格，执行"表格"→"行列操作"命令，弹出如图 8 - 23 所示下拉菜单，可进行删除行、整表平均分布、调整行高和插入通栏行（列）等操作。

图 8 - 22　选中操作

| 删除行 (E) | |
| 删除列 (F) | |
| | |
| 平均分布列 (V) | |
| 平均分布行 (H) | |
| 整表平均分布 (L) | |
| | |
| 调整行高 (Y) | Ctrl+F7 |
| 调整列宽 (X) | Shift+F7 |
| 锁定行高 (C) | |
| | |
| 插入通栏行 (列) (Q)... | Ctrl+/, H |

图 8 - 23　行列操作

## 独立实践任务   𝒫

## 任务二　设计制作账单

### 一、任务要求

彩色印刷。成品尺寸要求宽 141mm，高 65mm。文字的字体、字号及颜色可以自己设计。

### 二、任务参考效果图

| 对方单位 | 摘要 | 借　方 | | 贷　方 | | 金　额 | | | | | | | | | | 记账科目 |
|---|---|---|---|---|---|---|---|---|---|---|---|---|---|---|---|---|
| | | 总账科目 | 明细科目 | 总账科目 | 明细科目 | 千 | 百 | 十 | 万 | 千 | 百 | 十 | 元 | 角 | 分 | |
| | | | | | | | | | | | | | | | | |
| | | | | | | | | | | | | | | | | |
| | | | | | | | | | | | | | | | | |
| | | | | | | | | | | | | | | | | |
| | | | | | | | | | | | | | | | | |
| | | | | | | | | | | | | | | | | |
| 结算方式及标号： | | | | 合计金额 | | | | | | | | | | | | |

# 模块 9　设计制作科技出版物

## 模拟制作任务 🔍

### 任务一　设计制作数学中招教辅

## 一、任务效果图

---

### 中招数学选择题精练

1、-5 的绝对值（　　）

   A.5　　　　　B.-5　　　　　C.$\frac{1}{5}$　　　　　D.$-\frac{1}{5}$

2、下列各式计算正确的是（　　）

   A.$(-1)^0-(\frac{1}{2})^{-1}=-3$　　　　　B.$\sqrt{2}+\sqrt{3}=\sqrt{5}$

   C.$2a^2+4a^2=6a^2$　　　　　D.$(a^2)^3=a^6$

3、函数 $y=\sqrt{2x-3}$ 中，自变量 x 的取值范围是（　　）

   A.$x\geqslant\frac{3}{2}$　　　　B.$x\geqslant\frac{2}{3}$　　　　C.$x\neq\frac{2}{3}$　　　　D.$x>\frac{3}{2}$

4、如果∠a 是直角三角形的一个锐角，且 sinx 的值是方程 $x^2-\sqrt{x}+\frac{1}{2}=0$ 的一个根，那么三角形的另一个锐角的度数是（　　）

   A.30°　　　　B.45°　　　　C.60°　　　　D.30°或 60°

5、已知二次函数 y=ax2+bx+c,且 a<0,a+b+c>0,则一定有（　　）

   A.$b^2-4ac>0$　　　　　B.$b^2-4ac=0$

   C.$b^2-4ac\geqslant0$　　　　　D.$b^2-4ac\leqslant0$

6、如果 $\frac{a}{b+c}=\frac{b}{c+a}=\frac{c}{a+b}=t$,则一次函数 $y=tx+tx^2$ 的图像必定经过的象限是（　　）

   A.第一、二象限　　　　　B. 第一、二、三象限

   C.第二、三、四象限　　　　　D.第三、四象限

7、在△ABC 中,最大角∠A 是最小角∠C 的两倍,且 AB=7,AC=8,则 BC=（　　）

   A.$7\sqrt{2}$　　　　B.10　　　　C.$\sqrt{105}$　　　　D.$7\sqrt{3}$

## 二、 任务要求

彩色印刷。成品尺寸32K，要求页面宽130mm，高185mm，上、下、左、右页边距为10mm。

## 三、 任务详解

☞**步骤01**：启动方正飞腾后，执行"文件"→"新建"命令，弹出图9-1所示的"版面设置"对话框，在该对话框中设置宽度为130mm，高度为185mm。

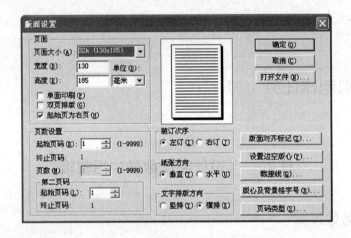

图9-1　版面设置

☞**步骤02**：单击"设置边空版心"按钮，弹出"设置边空版心"对话框，将上、下页边空设置为10mm，左、右页边空设为10mm。

☞**步骤03**：依次击"确定"按钮，得到图9-2所示的新建文件。执行"显示"→"背景格"命令可去掉和添加背景格。

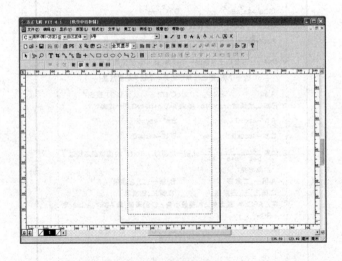

图9-2　新建文件

☞**步骤 04**：单击"文件"→"设置选项"→"长度单位"命令，弹出"长度单位"对话框，将"坐标单位"、"TAB 键单位"、"字距单位"、"行距单位"均设置为毫米，单击"确定"按钮。

☞**步骤 05**：单击排入文字块工具，在页面上划一矩形，单击"F7"键，在弹出的对话框中设置横坐标为 0，纵坐标为 0，块宽度 110mm，块高度 165mm，单击"确定"按钮，如图 9-3 所示。

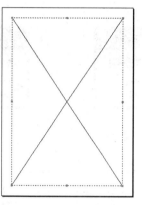

图 9-3　块大小

☞**步骤 06**：用文字工具输入"中招数学选择题精练"，设置字体号为 4 号黑体，文字颜色为 C100。

☞**步骤 07**：在排版格式工具条 中单击居中按钮，使文字居中排版。

☞**步骤 08**：单击居左按钮，排入其他内容，设置字体号为 5 号宋体。

☞**步骤 09**：输入分式"$\frac{1}{5}$"时，先执行"编辑"→"数学"命令，弹出数学窗口，如图 9-4 所示。

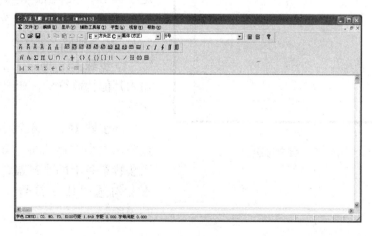

图 9-4　数学窗口

☞**步骤10**：在数学窗口中单击分式按钮 ，光标自动在分子的位置，输入分子"1"，按 Tab 键或直接在分母位置处单击，输入分母"5"。

☞**步骤11**：执行"文件"→"排版"命令，弹出如图9－5所示，单击"确定"按钮。

☞**步骤12**：关闭数学窗口，弹出图9－6所示，单击"是"按钮，则分式"$\frac{1}{5}$"排入到位。

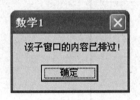

图9－5　排入数学

图9－6　关闭数学窗口

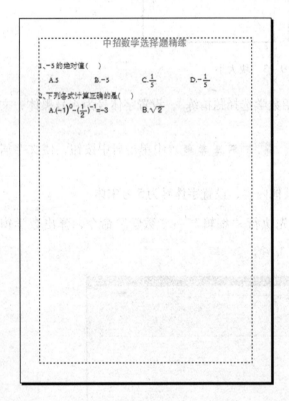

图9－7　数学排版

☞**步骤13**：输入上标"（－1）$^0$"时，先输入"（－1）0"，然后选中"0"，单击文本属性工具栏中的上标按钮 A▸ 即可。这里为清楚起见，设置上标字号为3号。

☞**步骤14**：输入根式"$\sqrt{2}$"时，执行"编辑"→"数学"命令，在弹出的数学窗口中，单击根式按钮 ，光标自动在被开方数的位置，输入"2"，执行"文件"→"排版"命令，弹出如图9－5所示，单击"确定"按钮，关闭数学窗口，弹出图9－6所示，单击"是"按钮，则根式"$\sqrt{2}$"排入到位，如图9－7所示。

☞**步骤15**：通过方正动态键盘可输入其他特殊符号，如图9－8所示数学符号。

☞**步骤16**：一般数学符号也可通过输入法小键盘获得。方法是右击输入法状态条上的小键盘，在弹出的码表上勾选"数学符号"即可，如图9－9所示。

图9-8　方正数学符号

图9-9　输入法数学符号

至此，设计完毕。

---

◉　知识点拓展　🔍

---

## 知识点1　数学窗口

（1）数学窗口的组成

执行"编辑"→"数学"命令，弹出数学窗口，如图9-10所示。

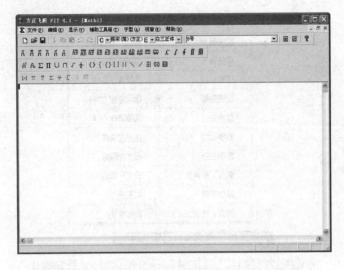

图 9 - 10　数学窗口

（2）数学窗口的基本操作

在数学窗口中，每个数字公式是个独立的盒子，光标以盒子为单位移动。数字窗口基本操作及功能如表 9 - 1 所示。

表 9 - 1　　　　　　　　　　　　数学窗口基本操作及功能

| 基本操作 | 功能 |
| --- | --- |
| ←和→键 | 使光标在盒子间移动 |
| Ctrl + ←（→）键 | 使光标进入或跳出盒子 |
| Tab 键 | 光标可在盒子中各项之间切换 |
| Shift + ←（→）键或使用鼠标单击 | 可选中盒子 |

## 知识点 2　脚标

上下脚标的输入方法是：

步骤 1：输入文字，将光标移到文字之后。

步骤 2：单击数学工具箱中的 A 按钮，光标位于文字右上方，可输入上标；单击数学工具箱中的 A 按钮，光标位于文字右下方，可输入下标。

步骤 3：输入脚标，在文字右侧单击鼠标，光标跳出当前盒子。

上下脚标效果如图 9 - 11 所示。

$$x^3 \qquad (x+y)^{xy} \qquad y_2 \qquad (x_1 - x_2)^2$$

图 9 - 11　上下脚标效果

## 知识点 3　大运算符

大运算符 Σ Π ∪ ∩ 的输入方法是：

步骤 1：单击数学工具箱中的"大运算符" Σ Π ∪ ∩ 按钮中的一个。

步骤 2：光标出现在运算符顶部中央，输入顶部内容，按 Tab 键将光标移动到底部中央继续输入底部内容。

步骤 3：在文字右侧单击鼠标，光标跳出当前盒子。

大运算符效果如图 9 - 12 所示。

$$1 + 2 + 3 + 4 + 5 + \cdots + 100 = \sum_{n=1}^{100} n$$

图 9 - 12　大运算符效果

## 知识点 4　根式

根式的输入方法是：

步骤 1：单击数学工具箱中的"根式"按钮 √ 。

步骤 2：在根式内部光标位置输入被开方公式。

步骤 3：单击 Tab 键，光标移动到根式外部的开方次数位置，可输入开方次数。

步骤 4：在文字右侧单击鼠标，光标跳出当前盒子。

根式的效果如图 9 - 13 所示。

$$80 - \sqrt{x + y} - \sqrt[3]{x^2 + \sqrt{y - 5}}$$

图 9 - 13　根式的效果

## 知识点 5　分式

分式的输入方法是：

步骤 1：单击数字工具箱中的"分式"按钮 ½ 。

步骤 2：在分子位置输入分子。

步骤 3：单击 Tab 键，将光标移动到分母位置，继续输入分母。

步骤 4：在文字右侧单击鼠标，光标跳出当前盒子。

分式的效果如图 9 - 14 所示。

$$\frac{1}{2} + \frac{1 - \sqrt{x + y}}{3x - 4y + 89} - 90x$$

图 9 - 14　分式的效果

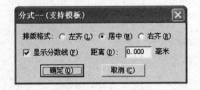

图9-15 分式对话框

要调整分式的细微效果,可执行"辅助工具箱"→"分式"命令,弹出"分式"对话框,如图9-15所示。

## 知识点6 界标符

界标符〈〉{ {}[]‖＼／ 的输入方法是:选中文字,单击一种界标符按钮,即可为文字加上界标符效果。也可以先加入界标符,再编辑文字。

界标符效果如图9-16所示。

$$|x - y| \qquad [x + y] \qquad \{a + b\}$$

图9-16 界标符效果

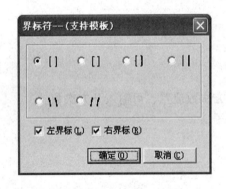

图9-17 界标符对话框

要加入其他界标符或调整效果,可执行"辅助工具箱"→"界标符"命令,弹出"界标符"对话框,如图9-17所示。

## 知识点7 矩阵和行列式

矩阵和行列式的输入方法是:

步骤1:单击数学工具箱中的"行列式"按钮 ⊞ ⑴ ▦ 组中的一个(分别对应无界标行列式、圆括号矩阵和竖线界标行列式),弹出"矩阵/行列式"对话框,如图9-18所示。

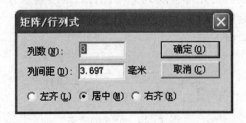

图9-18 矩阵/行列式对话框

　　步骤 2：在"列数"文本框中输入列数，在"列间距"文本框中输入列间距，还可选择文字的对齐方式。单击"确定"按钮，即可生成行列式盒子。

　　步骤 3：依次输入行列式的各元素。

　　步骤 4：在文字右侧单击鼠标，光标跳出当前盒子。

　　行列式、矩阵效果如图 9 – 19 所示。

$$\begin{vmatrix} 1 & 2 & 3 \\ 4 & 5 & 6 \\ 7 & 8 & 9 \end{vmatrix} \qquad \begin{pmatrix} 1 & 2 & 3 \\ 4 & 5 & 6 \\ 7 & 8 & 9 \end{pmatrix}$$

图 9 – 19　行列式、矩阵效果

## 知识点 8　阿克生符

阿克生符 Ā Ā Ā Ā Ā Ā 输入的方法是：

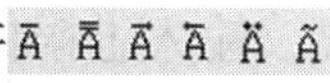

选中文字，单击一种阿克生符按钮，即可为文字加上相应的阿克生符。

阿克生符效果如图 9 – 20 所示。

$$\overline{X} \qquad \overline{\overline{X}} \qquad \vec{X} \qquad \check{X} \qquad \dot{X} \qquad \tilde{X}$$

图 9 – 20　阿克生符效果

## 知识点 9　上下加线

上下加线的输入方法是：

选中文字，单击一种上下加线按钮 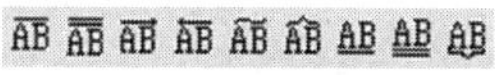 ，即可为文字加上相应的线，效果如图 9 – 21 所示。

$$\overline{A + B} \qquad \overline{\overline{A + B}} \qquad \widetilde{A + B} \qquad \underline{\underline{ABC}} \qquad \underline{A - B}$$

图 9 – 21　上下加线效果

## 知识点 10　上下加字

上下加字的输入方法是：

选中文字，执行"辅助工具箱"→"上下加字"命令，弹出"上下加字"对话框，在该对话框中可设置加字的对齐格式及加字的方式（上加字或下加字），并可设置字与字之间的距离。设置完毕后单击"确定"按钮，光标处于加字位置，输入要加入的字符即可。

上下加字效果及对话框如图 9-22 所示。

图 9-22  上下加字效果及对话框

## 知识点 11  积分

积分的输入方法是：

单击一种积分符号 $\int\int\int\oint\oiint$，光标处于积分上限位置，输入上限的表达式，完毕后按 Tab 键可继续输入下限。

积分效果如图 9-23 所示。

$$\int {}_{b}^{a} xdx \qquad\qquad \int_{b}^{a} xdx$$

图 9-23  积分效果

## 知识点 12  数学公式的排版

在数学窗口中执行"文件"→"排版"命令，则转到主页面中，在页面中单击鼠标，即可排入数学公式。

在排入数学公式后，执行"编辑"→"数学"命令，即可打开数学窗口，编辑该公式。

◉  独立实践任务  🔍

## 任务二  设计制作数学高考教辅

### 一、任务要求

彩色印刷。成品尺寸 32K，要求页面宽 130mm，高 185mm，上、下、左、右页边距为 10mm。

## 二、 任务参考效果图

### 高考数学练习题

1、若函数 $f(x)=x\ln(x+\sqrt{a+x^2})$ 为偶函数, 则 a=_____

2、一个圆经过椭圆 $\dfrac{x^2}{16}+\dfrac{y^2}{4}=1$ 的三个顶点, 且圆心在 x 轴上, 则该圆的标准方程为_____

3、求下列函数的定义域:

(1) $y=\sqrt{4x-3}$

(2) $y=\dfrac{1}{x+3}+\sqrt{-x}+\sqrt{x+4}$

(3) $y=\dfrac{\sqrt{x+1}}{x+2}-1$

(4) $y=\dfrac{1}{\sqrt{6-5x-x^2}}$

4、已知函数 $f(x)=\sqrt{2}\sin\dfrac{x}{2}\cos\dfrac{x}{2}-\sqrt{2}\sin^2\dfrac{x}{2}$

(1) 求 $f(x)$ 的最小正周期;

(2) 求 $f(x)$ 在区间 $[-\pi,0]$ 上的最小值。

5、平面直角坐标系 XOY 中, 已知椭圆 $C: \dfrac{x^2}{a^2}+\dfrac{y^2}{b^2}=1(a>b>0)$ 的离心率为 $\dfrac{\sqrt{3}}{2}$, 且点 $(\sqrt{3},\dfrac{1}{2})$ 在椭圆 C 上。

(1) 求椭圆 C 的方程;

(2) 设椭圆 $E: \dfrac{x^2}{4a^2}+\dfrac{y^2}{4b^2}=1$, P 为椭圆 C 上任意一点, 过点 P 的直线 $y=kx+m$ 交椭圆 E 于 A, B 连点, 射线 PO 交椭圆 E 于点 Q。

① 求 $\dfrac{|OQ|}{|OP|}$ 的值;

② 求 △ABQ 面积的最大值。

模块 10　综合设计制作

　模拟制作任务　🔍

任务一　设计制作大众健康

一、任务效果图

| 食品搭配 | 导致结果 |
| --- | --- |
| 鸡蛋与柿饼同食 | 可导致中毒甚至死亡 |
| 豆腐与蜂蜜同食 | 可导致耳聋 |
| 土豆与香蕉同食 | 可引起皮肤雀斑 |
| 洋葱与蜂蜜同食 | 可导致损伤眼睛 |
| 番茄与绿豆同食 | 可导致伤元气 |
| 海带与猪血同食 | 可引起便秘 |
| 鹅肉与鸭梨同食 | 可导致伤肾脏 |
| 牛肉与红糖同食 | 可导致胀死人 |

十 大 健 康 食 品

## 二、 任务要求

彩色印刷。成品尺寸要求宽185mm，高260mm。

## 三、 任务详解

☞**步骤01**：启动方正飞腾后，执行"文件"→"新建"命令，弹出图10-1所示的"版面设置"对话框，在该对话框中设置宽度为185mm，高度为260mm。

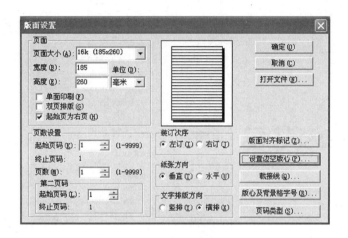

图 10-1　版面设置

☞**步骤02**：单击"设置边空版心"按钮，弹出"设置边空版心"对话框，将上、下页边空设置为10mm，左、右页边空设为10mm。

☞**步骤03**：依次击"确定"按钮，得到图10-2所示的新建文件。执行"显示"→"背景格"命令可去掉和添加背景格。

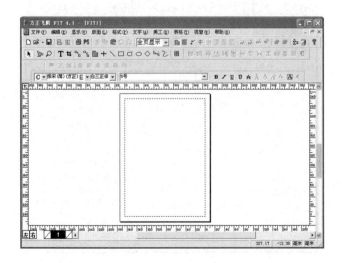

图 10-2　新建文件

☞**步骤 04**：单击"文件"→"设置选项"→"长度单位"命令，弹出"长度单位"对话框，将"坐标单位"、"TAB 键单位"、"字距单位"、"行距单位"均设置为毫米，单击"确定"按钮。

☞**步骤 05**：用文字工具输入 72pt 方正隶书"大众健康"，设置文字颜色为白色。

☞**步骤 06**：选中文字，执行"文字"→"变体字"命令，在弹出的对话框中勾选"勾边"复选框，设置勾边颜色为 C100Y100，勾边宽度为 5mm，单击"确定"按钮，如图 10 − 3 所示。

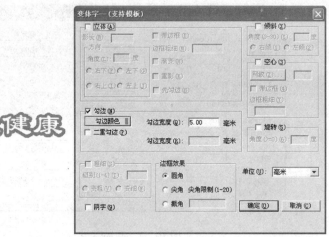

图 10 − 3　新建文件

☞**步骤 07**：执行"表格"→"新建表格"命令，在弹出的对话框中设置高度 120mm，宽度 165mm，行数 6，列数 2，如图 10 − 4 所示。

图 10 − 4　新建表格

☞**步骤 08**：单击"确定"按钮，然后在页面上单击，弹出如图 10 – 5（a）所示。

☞**步骤 09**：选中工具栏中的表格工具，按 Ctrl 键依次选中第一行的两个单元格，执行右击菜单下的"底纹"命令，在弹出的对话框中设置底纹颜色为 C100Y100。

☞**步骤 10**：用同样的方法设置其他单元格的底纹颜色为 C20Y20，如图 10 – 5（b）所示。

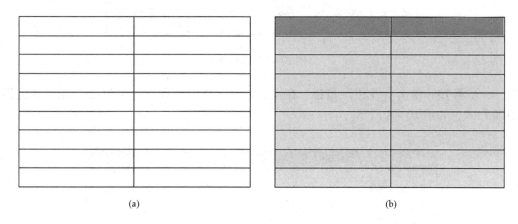

(a)　　　　　　　　　　　　　　(b)

图 10 – 5　表格制作

☞**步骤 11**：用 3 号黑体输入表头文字，并居中排版，其他文字用 4 号宋体，如图 10 – 6 所示。

| 食品搭配 | 导致结果 |
|---|---|
| 鸡蛋与糖精同食 | 可导致中毒甚至死亡 |
| 豆腐与蜂蜜同食 | 可导致耳聋 |
| 土豆与香蕉同食 | 可引起皮肤雀斑 |
| 洋葱与蜂蜜同食 | 可导致损伤眼睛 |
| 番茄与绿豆同食 | 可导致伤元气 |
| 海带与猪血同食 | 可引起便秘 |
| 鹅肉与鸭梨同食 | 可导致伤肾脏 |
| 牛肉与红糖同食 | 可导致胀死人 |

图 10 – 6　表格输入文字

☞**步骤 12**：用 0 号黑体输入"十大健康食品"，选中文字，执行"文字"→"装饰字"命令，在弹出的对话框中，选择装饰类型为六边形，如图 10 – 7 所示。

图 10 - 7　装饰字

☞**步骤 13**：单击"花边"按钮，在弹出的对话框中选择花边号为 23，花边颜色为 C100Y100，如图 10 - 8 所示。

图 10 - 8　花边

☞**步骤 14**：依次单击"确定"按钮，如图 10 - 9 所示。

图 10 - 9　装饰标题

☞**步骤 15**：单击椭圆工具，在页面上单击，在弹出的块大小对话框中，设置块宽为 30mm，块高为 30mm，如图 10 - 10 所示。

图 10 – 10　块大小

☞**步骤 16**：选中圆，设置线的颜色为 C100Y100，执行"美工"→"路径属性"→"裁剪路径"命令，导入图片，将圆放在图片的合适位置，并调整层次，将二者选中，单击"F4"键，如图 10 – 11 所示。

图 10 – 11　裁剪路径

☞**步骤 17**：用同样的方法，在导入的图片中裁剪出其他 9 张图，利用块对齐工具使其排列整齐，如图 10 – 12 所示。

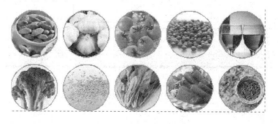

图 10 – 12　排列图片

至此，设计完毕。

## 知识点拓展 🔍

## 知识点 1　主页的操作

主页是用于管理页码及页眉等各页共有内容的虚拟页，主页上的内容也将显示在所有页面上。主页功能特别适用于页数较多的书籍或杂志。

对于双面印刷的书籍或杂志，主页又可分为左主页和右主页。页码的插入和页眉的修改可分别在两个主页上进行，对于左右书眉不同的书籍或杂志，左右主页功能非常有用。

对于单面印刷的书籍和杂志，只有一个主页，只需对页码和页眉做一次设置即可。

（1）主页的选中

在使用双面印刷时，单击页面窗口左下角的左或右主页标记，即可显示主页。

在使用单面印刷时，只有一个左页，如图 10 – 13 所示。

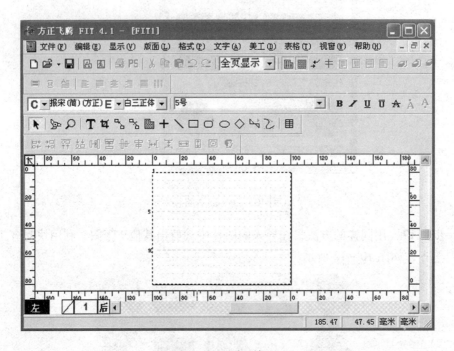

图 10 – 13　主页标记

（2）插入页码

对于单页排版的页面，在主页窗口中，执行"版面"→"页码"→"加页码"命令即可。

（3）页码定位

系统默认的页码排版位置位于页面的左下角和右下角，可以在主页中的页码类型对话框中改变页码的位置。

在主页编辑窗口中，执行"版面"→"页码"→"页码类型"命令，弹出"页码类型"对话框，如图 10 – 14 所示。

在"页码位置"选择区中的九宫图中选中页码所在的位置选项即可。

可以在主页页码中使用选择工具选中页码块，直接拖动到合适的位置即可。

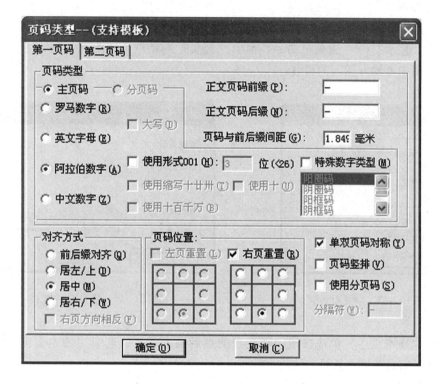

图 10 – 14　页码类型对话框

（4）特定页不显示主页和页码

要取消有些页中的主页内容，则可在该页面内打开"显示"菜单，消除"显示主页"选择前的对勾即可。

要取消有些页中的页码，可在该页面内打开"显示"菜单，消除"显示页码"选择前的对勾即可。

（5）排入页眉

页眉的排版要在主页中完成。在主页面中页眉位置可使用文字工具输入页眉文字，也可以排入图像或图形。

## 知识点2 页的编辑

（1）翻页

选择"显示"→"翻页"命令，弹出"翻页"对话框，如图10－15所示。

在"页序号"文本框中可输入要翻到的页的页码，也可以在下面的单选按钮中选择要翻到的页面。单击"确定"按钮即可翻到指定的页面。

（2）插页

插页操作可向当前文件中插入空白页，系统将自动为其添加页码。

选择"显示"→"插页"命令，弹出"插页"对话框，如图10－16所示。在"插入"文本框中可输入插入的页数。

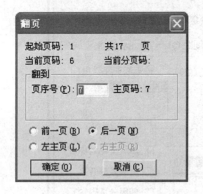

图 10－15　翻页对话框

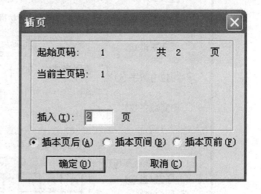

图 10－16　插页对话框

选中"插本页后"单选按钮，则在当前页后插入新页；选中"插本页前"单选按钮，则在当前页前插入新页。

（3）删页

选择"显示"→"删页"命令，弹出"删页"对话框，如图10－17所示。

在"删除起始页"文本框中可输入删除页的起始页码，在"删除页数"文本框中可输入删除的页数。单击"确定"按钮即可删除页，并自动调整剩余页的页码。

（4）移动页

选择"显示"→"移动页"命令，弹出"页移动"对话框，如图10－18所示。

在"移动页"选项区的"起始页序号"和"终止页序号"文本框中分别填入要移动的页的起始页码和终止页码。在"移动到"选项区中的"页序号"文本框中输入移动的目标位置，并可在下面的单选按钮中选中"移动到该页前"或"移动到该页后"。当选中"移到文件尾"单选按钮时，"页序号"文本框中的设置自动失效。如果只移动一页，则在"起始页序号"和"终止页序号"文本框中填入该页的页码即可。

图 10 - 17 删页对话框

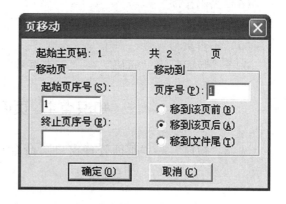

图 10 - 18 移动页对话框

## 知识点 3 页码的修改和编辑

（1）页码修改

选择"版面"→"页码"→"页码修改"命令，弹出"页码修改"对话框。
如图 10 - 19 所示。

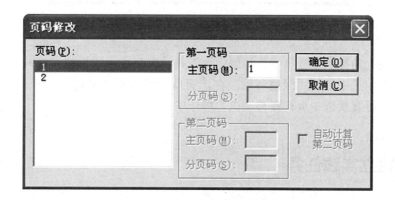

图 10 - 19 页码修改对话框

该对话框左侧的"页码"列表框中列出文件包含的全部页的页码，选中一页，在
右侧的对话框中可修改该页的主页码、分页码等参数。

（2）重起分页号

如果文件包含分页号，执行"版面"→"页码"→"重起分页码"命令，则从当
前页开始重起分页号。

（3）合并主页码

如果文件包含分页号，执行"版面"→"页码"→"合并主页码"命令，则从当
前页起，主页号与上一页的主页号合并，分页号接上一页的分页号续排。

（4）页码排序

选择"版面"→"页码"→"页码排序"命令，系统自动重排当前文件的页码。

（5）不占页号

选择"版面"→"页码"→"不占页号"命令，则当前页不占页号。

## 知识点4　页面管理窗口

选择"视窗"→"页面管理窗口"命令，弹出"页面管理"窗口，如图 10 - 20 所示。

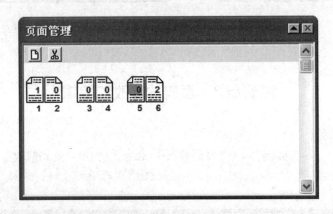

图 10 - 20　页面管理对话框

该窗口左上角提供了插页工具和删除页工具，窗口中以图标的形式列出了当前文件的所有页，当前选中的页用绿色表示。在该窗口中可对页对象进行删除、添加等操作。如果要翻页，可直接选中页；要移动页，可选中页并拖动至目标位置。

◉　独立实践任务　🔍

## 任务二　设计制作校园早报

### 一、任务要求

彩色印刷。成品尺寸要求宽 185mm，高 260mm。文字的字体、字号及颜色可以自己设计。

## 二、任务参考效果图

校 园 早 报

我有一个梦，梦中刮着自己的生命的风。我想用自己的热量走过一条河，这条河是家乡的沁河或者是东北的松花江。我的血液与河流息息相通，血管里流动的是水，浑浊或者片刻的清澈。

 散文，常常可是使我轻易就能回到童年，回到稚气而清澈的眼睛。我的眼睛看到了童年的鸟，看到鸟在窗外舞蹈。看到了

自己的心脏，看到了心脏上生长着绿色的树。多么感谢童年，留住了自己对于世界的许多清晰的记忆，虽然有些记忆对于我，早就泥牛入海无消息了。

昨天是小学同学聚会。饭桌旁坐着灰白的头发和生了细细皱纹的脸。时光是忠诚和真实的，我们的生命在时光面前总是显得无足轻重。人未衰老，酒量还是有一些。酒半酣，有一个同学走近我，拉住我的手说：你是笔杆子，写写我们的夏天和夏天的房顶。

数学学习

$$\sqrt{2+\sqrt{3}} = ?$$

$$\frac{1}{2} - \frac{1}{3} = ?$$

读书学习，不仅在于你掌握多少知识点，而在于你掌握多少学习方法，是学习方法决定学习成绩。"数学是一切科学之母"、"数学是思维的体操"，它是一门研究数与形的科学，它无处不在。要掌握技术，先要学好数学，想攀登科学的高峰，更要学好数学。

# 参 考 文 献

[1]杨勇,周庆才主编.电子排版技术——方正飞腾4.0[M].北京:电子工业出版社.
[2]李丽华,朱丽静主编.方正飞腾5.0创艺实训教程[M].北京:航空工业出版社.